2023 年
中国海洋生态环境质量报告

生态环境部生态环境监测司
国家海洋环境监测中心　编

中国环境出版集团·北京

图书在版编目（CIP）数据

2023 年中国海洋生态环境质量报告 / 生态环境部生态
环境监测司，国家海洋环境监测中心编 . -- 北京：中国环境
出版集团，2025.2. ISBN 978-7-5111-6186-4

Ⅰ. X834

中国国家版本馆 CIP 数据核字第 2025HM9019 号

京审字（2025）G 第 0028 号

责任编辑　曲　婷
封面设计　彭　杉

出版发行　中国环境出版集团
　　　　　（100062　北京市东城区广渠门内大街 16 号）
　　　　　网　　址：http://www.cesp.com.cn.
　　　　　电子邮箱：bjgl@cesp.com.cn.
　　　　　联系电话：010-67112765（编辑管理部）
　　　　　　　　　　010-67112736（第五分社）
　　　　　发行热线：010-67125803，010-67113405（传真）
印　　刷　北京中科印刷有限公司
经　　销　各地新华书店
版　　次　2025 年 2 月第 1 版
印　　次　2025 年 2 月第 1 次印刷
开　　本　787×1092　1/16
印　　张　13.25
字　　数　250 千字
定　　价　90.00 元

中国环境出版集团郑重承诺：
中国环境出版集团合作的印刷单位、材料单位均具有中国环境标志产品认证。

编 委 会

2023 年，各地区、各部门坚持以习近平新时代中国特色社会主义思想为指导，全面贯彻落实党的二十大和二十届三中全会精神，深入学习贯彻习近平生态文明思想和全国生态环境保护大会精神，牢固树立和践行"绿水青山就是金山银山"的理念，按照党中央、国务院的决策部署，紧紧围绕人与自然和谐共生的现代化建设要求，以海洋生态环境质量改善为核心，注重提升海洋生态系统质量和稳定性，不断健全陆海统筹、河海联动的海洋生态环境保护治理体系，深入推进重点海域综合治理攻坚战，持续推进美丽海湾建设，启动实施第三次海洋污染基线调查。

海洋生态环境监测是客观评价环境质量状况、反映污染治理成效、实施环境管理与决策的基本依据。2023 年，共对 1 359 个海洋环境质量国控点位、230 个入海河流国控断面、455 个污水日排放量大于或等于 100 t 的直排海污染源开展了水质监测；对 58 个区域开展了海洋垃圾监测；对 24 处典型海洋生态系统开展了健康状况监测；对 10 处涉及海洋的国家级自然保护区开展了生态环境状况监测；对 12 处滨海湿地开展生态状况监测；对 32 个海水浴场开展了环境状况监测。为客观反映 2023 年全国海洋生态环境质量状况，根据《中华人民共和国环境保护法》《中华人民共和国海洋环境保护法》，结合有关规定和要求，在生态环境部生态环境监测司组织领导下，国家海洋环境监测中心牵头编制《2023 年中国海洋生态环境质量报告》。本书以国家生态环境监测网络监测数据为基础，结合相关部门生态环境内容，系统分析和评价了 2023 年全国海洋生态环境质量状况和变化情况。

　　本书内容共分为6章。第1章为概况，简述我国海洋自然环境概况和海洋生态环境监测工作概况。第2章为海洋环境质量，分析了海水质量、海洋垃圾状况及其变化情况。第3章为海洋生态质量，分析了海洋生态系统健康、海洋自然保护地和滨海湿地状况及其变化情况。第4章为主要入海污染源状况，分析了入海河流、直排海污染源状况及其变化情况。第5章为海水浴场环境状况，分析了海水浴场环境状况及其变化情况。第6章为总结，总结全国海洋生态环境质量总体情况，分析存在的生态环境问题并提出对策及建议。本书另外设置专题章节，介绍全国、沿海各省（区、市）及港澳地区海洋生态环境监测工作情况。

　　本书中难免有错漏之处，欢迎广大读者朋友批评指正。

编　者

CONTENTS

目　录

01 概况

GAIKUANG

1.1 海洋自然环境概况

1.1.1 全国海洋自然环境概况

我国是海洋大国，大陆海岸线北起鸭绿江口，南至北仑河口，长约 1.8 万 km，海岛岸线达 1.4 万 km，管辖海域总面积约 300 万 km^2，其中内水和领海面积约 38 万 km^2，包括渤海、黄海、东海和南海，跨越暖温带、亚热带和热带三个气候带。四大近海海区均与陆地直接相连。渤海、黄海、东海、南海四个海域是根据地理位置、地理轮廓、物理海洋学特征、地质地貌、地质构造、生物区系、生态系统等因素的差异而划定的。

我国海洋生物多样性丰富，具有红树林、珊瑚礁、滨海湿地、海草床、海岛、海湾、入海河口等多种类型海洋生态系统。海洋生态系统对于我国沿海社会经济可持续发展及生态环境保护具有重要意义。结构完整、功能完备、健康的海洋生态系统可为各类海洋生物的繁衍生息提供场所，是维持海洋生物多样性的重要载体，并在消纳污染物、抵御海洋灾害、调节区域气候等方面起到重要作用。此外，部分海洋生态系统具有较高的休闲旅游价值，可为公众提供重要的亲海和娱乐空间，如辽宁盘锦红海滩、山东黄河口湿地、广西北海红树林等生态系统。

渤海 范围为山东半岛的蓬莱角与辽东半岛的老铁山岬连线以西海域，是深入我国大陆的一个近封闭型的内海，面积约 7.7 万 km^2；通过东面的渤海海峡与黄海相通，其北、西、南三面均被陆地包围，沿海地区包括河北省、天津市、山东省龙口市（含龙口市）以西沿海地区以及辽宁省金州区以北沿海地区。

黄海 北面与渤海相连，南面由长江口北侧至济州岛连线与东海相接，为一近似南北向的半封闭陆架浅海，面积约 38 万 km^2；西北边经渤海海峡与渤海相通，南面以长江口北岸的启东嘴至济州岛西南角的连线与东海相接，东南面至济州海峡。沿海地区包括辽宁省丹东市至大连市旅顺口区、山东省蓬莱区（含蓬莱区）至日照市、江苏省全部沿海地区。

东海 北面与黄海相接，南界由福建省诏安铁炉港至台湾省鹅銮鼻岛连线与南海分界，面积约 77 万 km^2；西邻上海市、浙江省和福建省，北界是启东嘴至济州岛西南角的连线，东北部经朝鲜海峡、对马海峡与日本海相通，东面以九州岛、琉球群岛和台湾岛连线为界，与太平洋相邻。南界至台湾海峡的南端。

南海　北濒我国华南大陆，南至加里曼丹岛，东临菲律宾群岛，西接中南半岛，总面积约 350 万 km²，面积和水深均高于渤海、黄海、东海，面积几乎为渤海、黄海、东海面积总和的 3 倍。南海大陆岸线北起铁炉港，南到广西壮族自治区的北仑河口以及海南岛附近海域。它北靠广东、广西和海南，东邻菲律宾群岛，东边界经巴士海峡、巴林塘海峡等众多海峡和水道与太平洋相通，西邻中南半岛和马来半岛，南界是加里曼丹岛和苏门答腊岛，经卡里马塔海峡及加斯帕海峡与爪哇海相邻。西南面经马六甲海峡和印度洋相通，东南面经民都洛海峡、巴拉巴克海峡与苏禄海相接。

我国近岸海域属典型陆架边缘海，水深不足，岸线曲折，封闭与半封闭海湾众多；近岸海域环境质量状况受到我国广大流域和沿海地区社会经济活动的显著影响，承接的陆源入海流域面积广阔，从北到南共有鸭绿江、辽河、海河、黄河、淮河、长江、珠江等 1 500 多条河流入海。近岸水体受长江、黄河等大江大河影响显著，洋流（黑潮支流）对近岸海域水体交换的驱动力不足，污水向外海扩散能力有限，海洋污染自净能力相对较差；近岸分布着众多渔业区、产卵场、洄游通道等重要生态区，对海洋环境质量和栖息地等的要求较高。近岸海域的这种自然禀赋导致其易于受到人为活动的影响，且在外部压力作用下的生态弹性或者恢复力有限，海洋生态系统结构和功能极易发生态势上的根本改变而极其脆弱。

1.1.2　沿海省（区、市）海洋自然环境概况

辽宁省　辽宁省海域面积广阔，约 15 万 km²，其中近海水域面积 6 万 km²。辽宁省海岸线东起鸭绿江口，西至绥中县老龙头，全长 2 922 km，占全国的 11.5%。全省滩涂面积 2 070.20 km²，分布于辽东湾北部以及鸭绿江、大洋河口一带。全省湿地面积 1.91 万 km²，其中近海及海岸湿地面积 0.74 万 km²，占全省湿地总面积的 38.7%。辽宁省流域面积在 5 000 km² 以上的河流有 16 条，流域面积在 1 000～5 000 km² 的河流有 48 条，流域面积大于等于 50 km² 的河流共 845 条，97.6% 分布在辽河流域。辽河流域是全国七大流域之一，是国家重点治理的"三河三湖"之一。辽河流域在辽宁省境内是经济较为发达的工业集聚区和都市密集区，形成了以石化、冶金、装备制造业为核心的产业集群。辽河流域包括辽河水系、辽东湾西部沿渤海诸河水系、辽东湾东部沿渤海诸河水系、辽东沿黄海诸河水系、鸭绿江水系。

　　河北省　河北省海域位于渤海西部，大陆海岸线长 552.65 km，管辖海域面积超过 7 227.76 km²。河北省沿海属于暖温带湿润大陆性季风气候，沿岸有石河、洋河、滦河、陡河、宣惠河等主要入海河流 12 条，分属滦河、滦东独流入海河流和运东入海河流三个水系。海域属半封闭内海，海流弱、波浪小、水体交换慢。拥有岸滩、河口、滨海湿地、海湾、海岛等典型生境，发育有盐沼、海草床、牡蛎礁等典型海洋生态系统，海岸带地区是东亚—澳大利西亚候鸟迁徙路线的重要中转站，是海洋生物重要产卵场、索饵场、越冬场和洄游通道，是青岛文昌鱼的重要分布区。有海洋生物 660 余种，滨海自然和人文单体旅游资源 151 处。风能、石油、天然气和盐业等资源蕴藏丰富，是渤海油田、冀东油田、大港油田的主要勘采区。

　　天津市　天津市东临渤海，海岸线长约 153.67 km，海域面积 2 146 km²。气候为暖温带半干旱半湿润季风气候。天津市位于海河流域最下游，境内共有一级河道 19 条、二级河道 109 条，总长约 3 000 km。共有入海河流 12 条，其中蓟运河、永定新河、海河、独流减河、青静黄排水河、子牙新河、北排水河、沧浪渠等 8 条为跨省界入海河流，付庄排干、东排明渠、大沽排水河、荒地排河等 4 条为市域内入海河流。天津滨海湿地主要分布于滨海新区的大神堂、八卦滩、高沙岭—白水头和马棚口地区及浅海水域。共建成各级海洋保护区 3 个，天津滨海国家海洋公园总面积 143.03 km²，天津古海岸与湿地国家级自然保护区总面积 172.94 km²，天津北大港湿地自然保护区总面积 353.13 km²。天津市海洋生物资源丰富，拥有海洋鱼类 50 余种，分布在滨海湿地的两栖动物、爬行动物、哺乳动物、水鸟和鱼类达 39 目 84 科 318 种。天津位于东亚—澳大利西亚鸟类迁徙通道上，是鸟类迁徙途中的重要驿站，每年过境、越冬的东方白鹳、遗鸥、丹顶鹤、大鸨等国家一级重点保护鸟类达 29 种，其中遗鸥最多时数量可达 16 000 余只，约占全球种群的 80%。

　　山东省　山东省位于我国东部沿海、黄河下游，地跨渤海、黄海两个海区。东部的山东半岛突出于黄海、渤海之间，与辽东半岛遥遥相对。庙岛群岛是渤海与黄海的分界处，内陆部分北与河北省交界，西与河南省接壤，南与安徽省、江苏省为邻。南北宽约 420 km，东西长约 700 km，总面积 15.71 万 km²。山东是海洋大省，海岸线长约 3 505 km，管辖海域面积约为 47 308 km²，沿海滩涂面积 3 223 km²。山东省水系比较发达，全省平均河网密度为 0.24 km/km²，干流长度在 5 km 以上的河流有 5 000 多条，10 km 以上的有 1 552 条，其中在山东入海的有 300 多条。这些河流分属于淮河流域、黄河流域、海河流域、小清河流域和胶东水系，较重要的有黄河、徒骇河、马颊河、沂河、沭河、大汶河、小清河、胶莱河、潍河、大沽河、五龙河、大沽夹河、泗河、万福河、洙赵新河等河流。

江苏省　江苏海域位于我国海域的中北部、西太平洋沿岸地带的中心，与韩国、日本隔海相望，地理位置优越，战略地位重要。在海洋地理上，绝大部分水域属黄海，仅有长江口以东、启东园陀角至韩国济州岛一线以南水域属东海。海域面积为3.75万 km²，海岸线长954 km，海岸类型有基岩海岸、砂质海岸和淤泥质海岸等。在江苏沿海中部，分布有全国首屈一指的海底沙脊群——辐射状沙洲，南黄海辐射沙脊群南北长约200 km，面积近3万 km²，被称为"海上迷宫"。江苏省沿海滩涂面积约5 100 km²，约占全国湿地面积的1/4，拥有全国最平滑整齐的海岸线和面积最大的滩涂。江苏地处中纬度的海陆相过渡带和气候过渡带，海洋对江苏省气候有显著的影响。江苏省气候总体呈现四季分明、季风显著。江苏省入海河流，尤其是淮河流域的入海河流大多为泄洪的主要走廊，受潮汐变化影响较大，多以各类大中小型挡潮闸控制，每年排入黄海径流量约200多亿 m³。江苏海洋资源禀赋独特，有著名的海州湾渔场、吕四渔场、长江口渔场和大沙渔场，鱼类资源和藻类资源丰富，盛产黄鱼、带鱼、虾蟹及贝藻类等，紫菜养殖在全国居于领先地位。

上海市　上海市位于长江三角洲东缘、太平洋西岸、亚洲大陆东沿、中国南北海岸中心点，属亚热带季风气候，光照充足，雨量充沛，四季分明。全市海域面积约为1.06万 km²，大陆和有居民海岛岸线长572 km。上海海岸带是世界级重要河口海岸，具有十分独特的河口海洋动力环境，长江携泥沙沉积沙岛浅滩，推展河口海岸，呈现三级分汊、四口入海的河势格局，孕育了水中沙洲边滩、水下深槽等特色地貌。多样的河口海湾地貌形成了丰富的滩涂湿地资源，成为长江河口天然的生态屏障与抵御海洋灾害的生态缓冲区。河口海域集聚了本市全部自然保护区以及95%生态保护红线范围，是鱼鸟洄游迁徙、栖息觅食、产卵育幼的重要空间。崇明东滩、九段沙等滨海湿地是全球候鸟迁徙通道（东亚—澳大利西亚迁徙通道）的重要节点，是全球重要的生态敏感区和全球湿地生物多样性保护热点地区。上海市与海连通水体主要包括大治河、滴水湖赤风港、芦潮引河、芦潮港、中港河、中港随塘河、南门港、金汇港、金汇港随塘河、南竹港、南竹港随塘河、航塘港、东河、西河、运石河、龙泉港和运石河等。

浙江省　浙江省位于我国东南沿海中部，处于经济发达的长江三角洲南翼，濒临东海。浙江省范围内的领海和内海面积为4.4万 km²，连同可以管辖的毗连区、专属经济区和大陆架，海域面积达26万 km²，相当于陆域面积的2.46倍。钱塘江、甬江、椒江、瓯江、飞云江和鳌江等水系东流入海。大陆和海岛的岸线共长6 000 km，形成丰富的滩涂资源与港口资源，可规划建设万吨以上泊位的深水岸线506 km，面积大于

$500\ m^2$ 的海岛 2 878 个。拥有湿地 16.52 万 hm^2（247.84 万亩），其中红树林地 0.01 万公顷（0.18 万亩），占 0.07%；沿海滩涂 15.43 万 hm^2（231.38 万亩），占 93.36%。沿岸有众多的河口、港湾伸入内陆，沿海海湾众多、岛屿星罗棋布，是我国岛屿最多的省份。浙江省处于欧亚大陆与西北太平洋的过渡地带，属典型的亚热带季风气候区。浙江省河流湖荡众多，自北至南有苕溪、运河、钱塘江、甬江、椒江、瓯江、飞云江、鳌江八大水系，除苕溪、运河外，均为独流入海河流。全省河流总长 13 万 km 有余。

福建省 福建省海域面积广阔，200 m 等深线海域面积 13.6 万 km^2。海岸线蜿蜒漫长，总长 3 752 km，居全国第二位，沿海有大小港湾 125 处，深水港湾 22 处。岛屿星罗棋布，大小海岛 2 214 个，海岛总面积约 1 156 km^2。得天独厚的海洋资源赋予了福建"港、渔、景、涂、能"五大优势。福建省是海洋大省，海洋资源十分丰富。近海可作业渔场面积 12.5 万 km^2，浅海滩涂可利用养殖面积 1 500 km^2，鱼、虾、贝、藻种类数量居全国前列。海岸带矿产资源已发现的有 60 多种，有工业利用价值的 20 多种。沿海风能资源丰富，可利用时数 7 000～8 000 小时。由于地理位置独特，福建省沿海具有多种多样的海岸类型、千姿百态的海蚀景观，加之众多富有宗教、文化历史内涵的名胜古迹，构成了丰富的滨海旅游资源，如厦门鼓浪屿、莆田湄洲岛、漳州东山岛、宁德太姥山等均列为国家级风景名胜区。福建省沿海可利用的海域面积超过 3 000 km^2，可开发的潮汐能蕴藏量在 1 000 万 kW 以上，年可发电量约 280 亿 kW·h，约占全国潮汐能的 40%。福建沿海位于温、热带的过渡地带，盛行风向具有季度特征。注入福建省海域流域面积在 5 000 km^2 以上的一级河流有闽江、九龙江、晋江和赛江，以闽江为最大，集水面积达 60 992 km^2。此外，流域面积在 500 km^2 以上的河流有敖江、霍童溪、木兰溪、漳江、东溪、萩芦溪和龙江等。

广东省 广东省海域辽阔，滩涂广布，陆架宽广，港湾优良，岛礁众多，海洋生物、矿产和能源资源丰富。海域面积 41.93 万 km^2，是陆域面积的 2.3 倍。大陆海岸线长 4 084.48 km，居全国首位。拥有海岛 1 963 个，其中 90% 以上的海岛为无居民海岛，面积小于 $500\ m^2$ 的海岛占 50% 以上。沿海港湾众多，适宜建港的有 200 多个，滨海湿地面积 1.02 万 km^2，红树林面积 1.06 万 hm^2。海洋生物有浮游植物 406 种、浮游动物 416 种、底栖生物 828 种、游泳生物 1 297 种、鱼类 1 200 多种。南海可开采石油储量 5.8 亿 t、天然气 6 000 亿 m^3，南海北部天然气水合物（可燃冰）资源储量 15 万亿 m^3。广东省属于东亚季风区。河流众多，以珠江流域（东江、西江、北江和珠江三角洲）及独流入海的韩江流域和粤东沿海、粤西沿海诸河为主，集水面积占全省面积的 99.8%，其余属于长江流域的鄱阳湖和洞庭湖水系。全省流域面积在 100 km^2

以上的各级干支流共 614 条。独流入海河流 52 条，较大的有韩江、榕江、漠阳江、鉴江、九洲江等。

广西壮族自治区 广西海域地处我国沿海西南端，是西南乃至西北地区最便捷的出海通道。大陆海岸线长约 1 628.59 km，海域面积约 6.28 万 km²，滨海湿地面积约 2 590 km²。沿岸岛屿众多，现有海岛 646 个，其中有居民海岛 14 个、无居民海岛 632 个。广西沿海地区为典型的南亚热带海洋性季风气候。广西沿海波浪主要是由海面风产生的风浪和外海传递来的涌浪组合而成，受季风的制约。冬季以北东和北北东向浪为主，夏季西部主要为南向浪，东部则以南南西向浪为主。广西沿海以全日潮为主，除铁山港和龙门港为非正规全日潮以外，其余均为正规全日潮。广西沿岸潮差较大，各站最大潮差均>4 m，平均潮差 2～3 m。广西入海河流主要有白沙河、南康江、西门江、南流江、大风江、钦江、茅岭江、大榄河、防城江和北仑河等 10 条河流。北部湾是我国四大渔场之一，也是多种海洋动物主要产卵繁殖区域，沿海滩涂可养殖面积达 6.67 万 hm²，各类海洋生物达 1 000 多种，包括多种鱼类、虾类、蟹类、螺类、贝类、头足类。主要经济蟹类有锯缘青蟹、梭子蟹等；经济贝类有珍珠贝、牡蛎等多种。还有东方鲎、圆尾鲎等有科研、药用价值的珍贵生物。

海南省 海南省海域面积辽阔，海岸线蜿蜒曲折，港湾众多，滩涂广布，海洋资源储量丰富，是中国海洋面积最大的省份，海域面积约 200 万 km²，滩涂湿地面积 1 200 km²，海岸线总长 1 944 km，砂质岸线 728.9 km，自然岸线保有率为 62.7%。属热带季风海洋性气候，素来有"天然大温室"的美称。基本气候特点是全年暖热，干湿季节明显，雨量充沛，空气湿润，光照充足，热量丰富，台风活动频繁，气候资源多样。海洋是海南得天独厚的资源，拥有丰富的海洋水产和珊瑚资源。海洋水产资源具有海洋渔场分布广、海产品品种多、生长快和鱼汛期长等特点，近海在水深 20 m 以内的大陆架渔场面积 22.5 万 km²（含整个北部湾渔场面积），中、西、南沙群岛海域均有良好的中上层渔场，仅西沙群岛近海渔场面积就有超过 2 万 km²。珊瑚资源十分丰富，珊瑚种类有 110 种和 5 个亚种，主要种类有滨珊瑚、蜂巢珊瑚、角状蜂巢珊瑚、扁脑珊瑚等巨大珊瑚礁块体，还有成片生长的鹿角状珊瑚、牡丹珊瑚、陀螺珊瑚等。

1.2 海洋生态环境监测工作概况

1.2.1 海洋生态环境监测目的

海洋生态环境监测是客观评价环境质量状况、反映污染治理成效、实施环境管理与决策的基本依据，是海洋生态环境保护、海洋环境管理乃至整个海洋事业发展的重要基础性工作。海洋生态环境质量监测的根本目的是准确、及时、全面地反映海洋生态环境质量现状与发展趋势，为海洋环境监管与保护提供科学依据。

1.2.2 海洋生态环境监测工作开展情况

"十四五"时期以来，生态环境部门以习近平生态文明思想为指导，落实国务院机构改革精神，以《生态环境监测网络建设方案》等中央深改文件为统领，以生态环境监测"五个统一"为原则，完成全国海洋生态环境监测点位整合，推动形成统一的国家海洋生态环境监测网络。以有效服务和支撑美丽海湾建设为着力点，以打造现代化海洋生态环境监测体系为目标，统筹规划海洋生态环境监测网络布局，印发《"十四五"海洋生态环境质量监测网络布设方案》，形成以 1 359 个水质点位为基础，点—站—区相结合的总体网络布局。

2023 年，生态环境部组织对 1 359 个海洋环境质量国控点位、230 个入海河流国控断面、455 个污水日排放量大于等于 100 t 的直排海污染源开展了水质监测；对 58 个区域开展了海洋垃圾监测；对 24 处典型海洋生态系统开展了健康状况监测；对 10 处涉及海洋的国家级自然保护区开展了生态环境状况监测；对 12 处滨海湿地开展生态状况监测；对 32 个海水浴场开展了环境状况监测。相关数据资料对于进一步深化海洋生态环境客观规律的科学认知，综合评估沿海经济社会发展对海洋生态环境的影响，分析预测未来面临的海洋生态环境形势等具有重要意义，为国家统筹实施的近岸海域污染防治、海洋生态安全屏障建设、重点海域综合治理攻坚行动计划实施等提供了重要的数据基础和科学依据。

1.2.3 海洋生态环境监测点位布设情况

1.2.3.1 海水质量监测点位布设情况

2023 年管辖海域共布设海水质量监测点位 1 359 个，包括近岸海域点位 1 172 个、近海海域点位 187 个，其中，渤海、黄海、东海、南海四大海区分别布设监测点位 240 个、325 个、417 个和 377 个，见图 1.2-1。

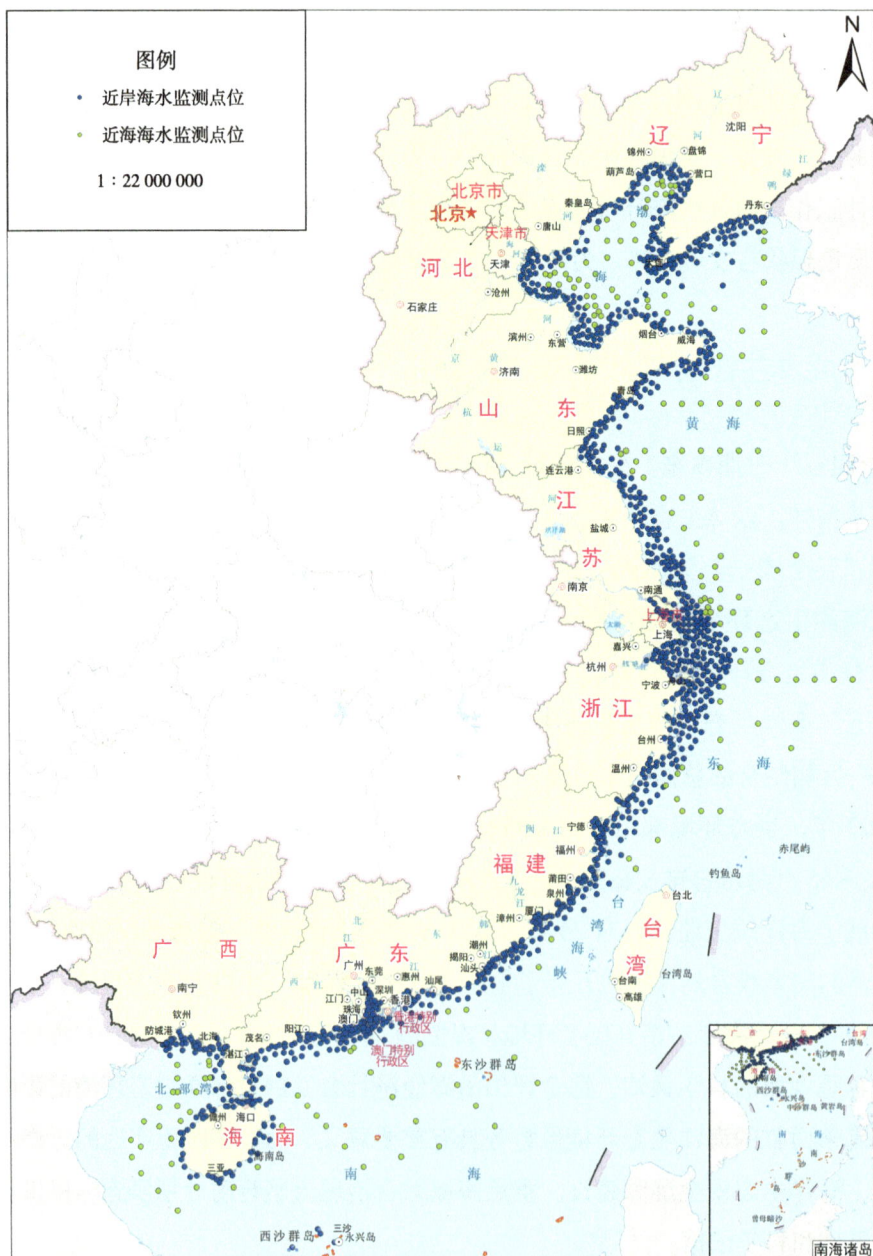

图 1.2-1　2023 年海水水质监测点位示意图

1.2.3.2　海洋垃圾监测点位布设情况

2023 年，全国 58 个沿海地级及以上城市、沿海区县开展海洋垃圾监测，其中包括 47 个海滩垃圾监测区域、28 个海面漂浮垃圾监测区域、8 个海底垃圾监测区域，见表 1.2-1 和图 1.2-2。

表 1.2-1　2023 年海洋垃圾监测区域情况

省（区、市）	监测区域	漂浮垃圾（目视法）	漂浮垃圾（拖网法）	海滩垃圾	海底垃圾
辽宁	鸭绿江口	—	—	✓	—
	营口团山海域	✓	✓	✓	✓
	盘锦金帛滩海洋公园	✓	✓	✓	✓
	葫芦岛邴家湾	✓	✓	✓	✓
河北	秦皇岛湾	✓	✓	✓	—
	唐山碧海浴场海滩	✓	✓	✓	—
	沧州南排河口	✓	✓	✓	—
天津	汉沽海域	✓	✓	—	—
	塘沽海域	✓	✓	—	—
	大港海域	✓	✓	—	—
	东疆人工沙滩	—	—	✓	—
山东	无棣县沿海旺子岛	—	—	✓	—
	东营渔业示范区	✓	✓	✓	—
	潍坊老河口	—	—	✓	—
	烟台四十里湾	—	—	✓	—
	威海小石岛	—	—	✓	—
	青岛石老人旅游度假区	—	—	✓	—
	胶州湾	✓	✓	—	—
江苏	连云港市连岛东海域	✓	✓	✓	—
	盐城海水养殖示范园区外海域	✓	✓	✓	—
上海	上海崇明区	✓	✓	✓	✓
浙江	舟山朱家尖千沙	✓	✓	✓	—
	宁波象山县石浦镇岳头	✓	✓	✓	✓
	台州市玉环县后沙			✓	—
	温州洞头元觉海滩	✓	✓	✓	—

续表

省 （区、市）	监测区域	漂浮垃圾 （目视法）	漂浮垃圾 （拖网法）	海滩 垃圾	海底 垃圾
福建	闽江口邻近海域	✓	✓	—	—
	福州平潭龙凤头澳海滩	—	—	✓	—
	福州马尾区	—	—	✓	—
	福州长乐区	—	—	✓	—
	漳州马銮湾海域	—	—	✓	—
	宁德霞浦	—	—	✓	—
	泉州东大垵	—	—	✓	—
	泉州红塔湾	—	—	✓	—
	厦门鼓浪屿	✓	✓	✓	—
	厦门观音山	✓	✓	✓	—
广东	珠江口海域	✓	✓	—	—
	大亚湾海域	✓	✓	—	—
	潮州饶平大埕湾海滩	—	—	✓	—
	汕头南澳县青澳湾海滩	—	—	✓	—
	揭阳惠来县华家度假村	—	—	✓	—
	汕尾红海湾海水浴场	—	—	✓	—
	惠州大亚湾十里银滩	—	—	✓	—
	惠州三门岛海滩	—	—	✓	—
	惠州巽寮湾海滩	—	—	✓	—
	深圳大鹏湾	✓	✓	✓	—
	深圳湾	✓	✓	—	—
	广州南沙区天后宫海滩	—	—	✓	—
	珠海三灶银沙湾海滩	—	—	✓	—
	台山赤溪镇黑沙湾沙滩	—	—	✓	—
	阳江闸坡海水浴场沙滩	—	—	✓	—
	茂名茂港区晏镜岭	—	—	✓	—
	湛江雷州天成台海滩	—	—	✓	—
广西	北海侨港海水浴场	✓	✓	✓	—
	钦州三娘湾旅游风景区	✓	✓	✓	—
	防城港白浪滩旅游区	✓	✓	✓	—
海南	海口湾	✓	✓	✓	✓
	洋浦湾	✓	✓	✓	✓
	三亚湾	✓	✓	✓	✓

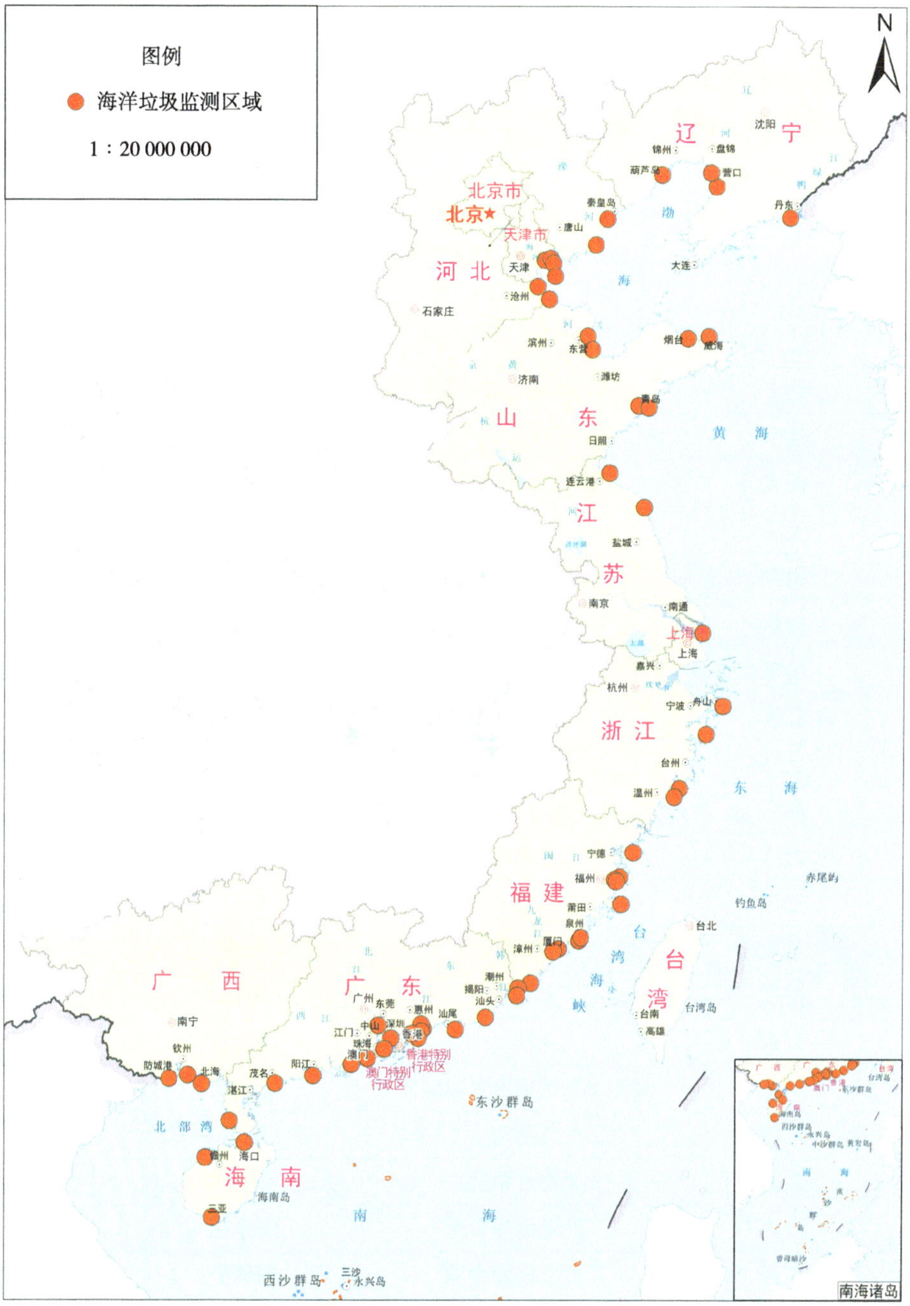

图 1.2-2 2023 年海洋垃圾监测区域空间分布图

1.2.3.3 海洋生态系统监测点位布设情况

2023 年，在沿海省（区、市）开展 24 个区域典型海洋生态系统健康状况监测，包括 7 个河口生态系统、8 个海湾生态系统、1 个滩涂湿地生态系统、2 个红树林生态系统、4个珊瑚礁生态系统和2个海草床生态系统。河口生态系统共布设监测点位133个，海湾生态系统共布设监测点位154个，滩涂湿地生态系统共布设监测点位27个，红树林生态系统共布设监测点位20个，珊瑚礁生态系统共布设监测点位59个，海草床生态系统共布设监测点位36个，见表1.2-2和图1.2-3。

表 1.2-2　2023 年典型海洋生态系统健康状况监测区域

序号	省 （区、市）	监测区域	生态系统类型	监测点位数量 / 个
1	辽宁	鸭绿江口	河口	27
2	辽宁	辽河口	河口	18
3	河北	滦河口—北戴河	河口	19
4	天津	渤海湾	海湾	16
5	山东	黄河口	河口	16
6	山东	莱州湾	海湾	20
7	山东	胶州湾	海湾	14
8	江苏	苏北浅滩	滩涂湿地	27
9	上海	长江口	河口	15
10	浙江	杭州湾	海湾	14
11	浙江	乐清湾	海湾	13
12	福建	闽江口	河口	14
13	福建	闽东沿岸	海湾	30
14	广东	大亚湾	海湾	18
15	广东	珠江口	河口	24
16	广东	雷州半岛西南沿岸珊瑚礁	珊瑚礁	12
17	广西	北部湾	海湾	29
18	广西	北海红树林	红树林	13
19	广西	广西北海海草床	海草床	23
20	广西	广西北海珊瑚礁	珊瑚礁	6
21	广西	北仑河口红树林	红树林	7
22	海南	海南东海岸海草床	海草床	13
23	海南	海南东海岸珊瑚礁	珊瑚礁	20
24	海南	西沙珊瑚礁	珊瑚礁	21

图 1.2-3 2023 年监测的 24 处典型海洋生态系统空间分布图

1.2.3.4　海洋自然保护地监测点位布设情况

2023 年，全国共有涉海自然保护地 352 处，保护海域面积 933 万 hm²。对 10 处涉及海洋的国家级自然保护区开展生态环境状况监测，见表 1.2-3 和图 1.2-4。

表 1.2-3　开展监测的国家级自然保护区名录

序号	省（区、市）	保护区名称	主要保护对象	监测点位数量/处
1	辽宁	辽宁大连斑海豹国家级自然保护区	斑海豹及其生境	17
2	山东	山东黄河三角洲国家级自然保护区	河口湿地生态系统及珍禽	50
3	江苏	江苏盐城湿地珍禽国家级自然保护区	丹顶鹤等珍禽及沿海滩涂湿地生态系统	47
4	上海	上海九段沙湿地国家级自然保护区	河口型湿地生态系统、发育早期的河口沙洲	44
5	广东	广东惠东港口海龟国家级自然保护区	海龟及其产卵繁殖地	6
6		广东徐闻珊瑚礁国家级自然保护区	珊瑚礁生态系统	26
7		广东湛江红树林国家级自然保护区	红树林生态系统	20
8	广西	广西山口红树林生态国家级自然保护区	红树林生态系统	9
9		广西合浦儒艮国家级自然保护区	儒艮及海洋生态系统	2
10		广西北仑河口国家级自然保护区	红树林生态系统	9

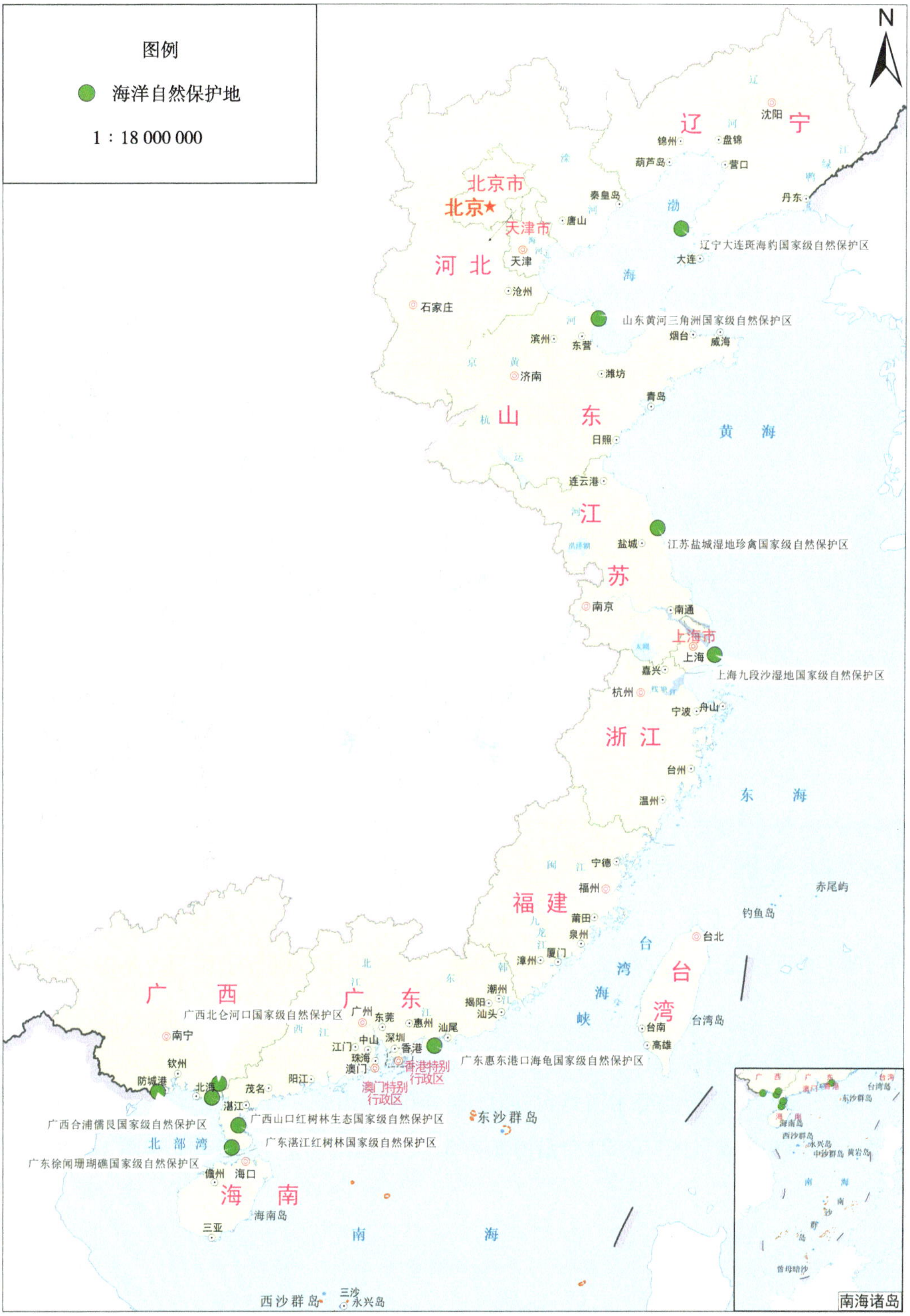

图 1.2-4　2023 年监测的涉及海洋的国家级自然保护区空间分布图

1.2.3.5 滨海湿地监测点位布设情况

2023 年，对全国 7 个沿海省（区、市）的 12 处滨海湿地开展生态状况监测，见表 1.2-4 和图 1.2-5。

表 1.2-4 开展监测的滨海湿地名录

序号	省（区、市）	滨海湿地名称	监测点位数量 / 处
1	辽宁	辽宁双台河口	9
2		辽宁庄河湿地	6
3	山东	山东黄河三角洲	75
4	江苏	江苏盐城湿地保护区	54
5		江苏大丰麋鹿	22
6	上海	上海崇明东滩	6
7	广东	广东惠东港口海龟	7
8		广东湛江红树林	33
9	广西	广西山口红树林	18
10		广西北仑河口	16
11	海南	海南东寨港	12
12		海南新盈红树林	4

1.2.3.6 主要入海污染源监测点位布设情况

2023 年，共监测了 230 个入海河流国控断面，对 455 个日排污水量大于或等于 100 t 的直排海工业污染源、生活污染源、综合污染源进行了监测，见图 1.2-6 和图 1.2-7。

1.2.3.7 海水浴场监测点位布设情况

2023 年，重点监测海水浴场包括辽宁、河北、山东、江苏、浙江、福建、广东、广西、海南 9 省（区）的 22 个沿海城市 32 个海水浴场，见表 1.2-5 和图 1.2-8。

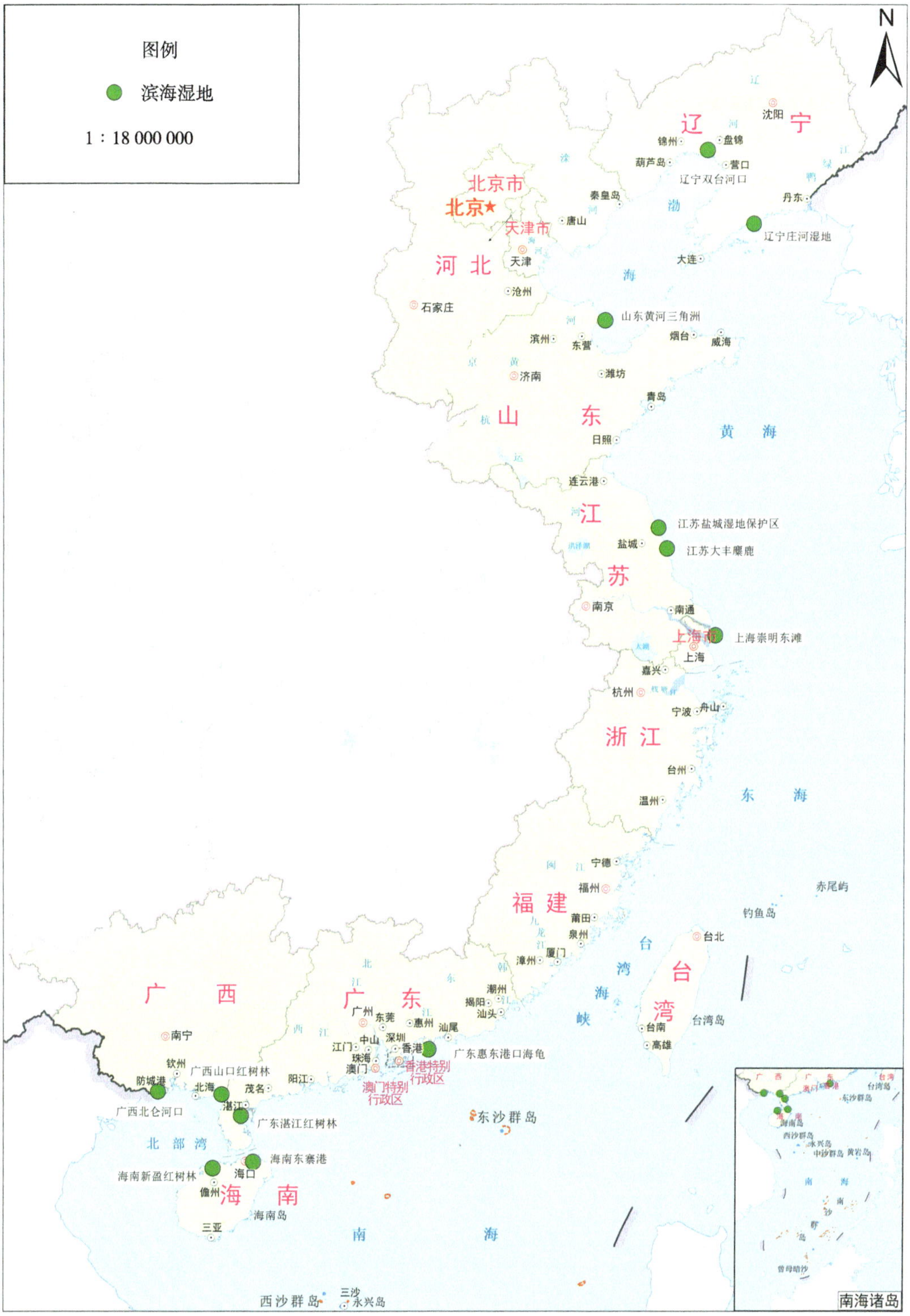

图 1.2-5　2023 年监测的 12 处滨海湿地空间分布图

图 1.2-6　2023 年入海河流国控断面空间分布图

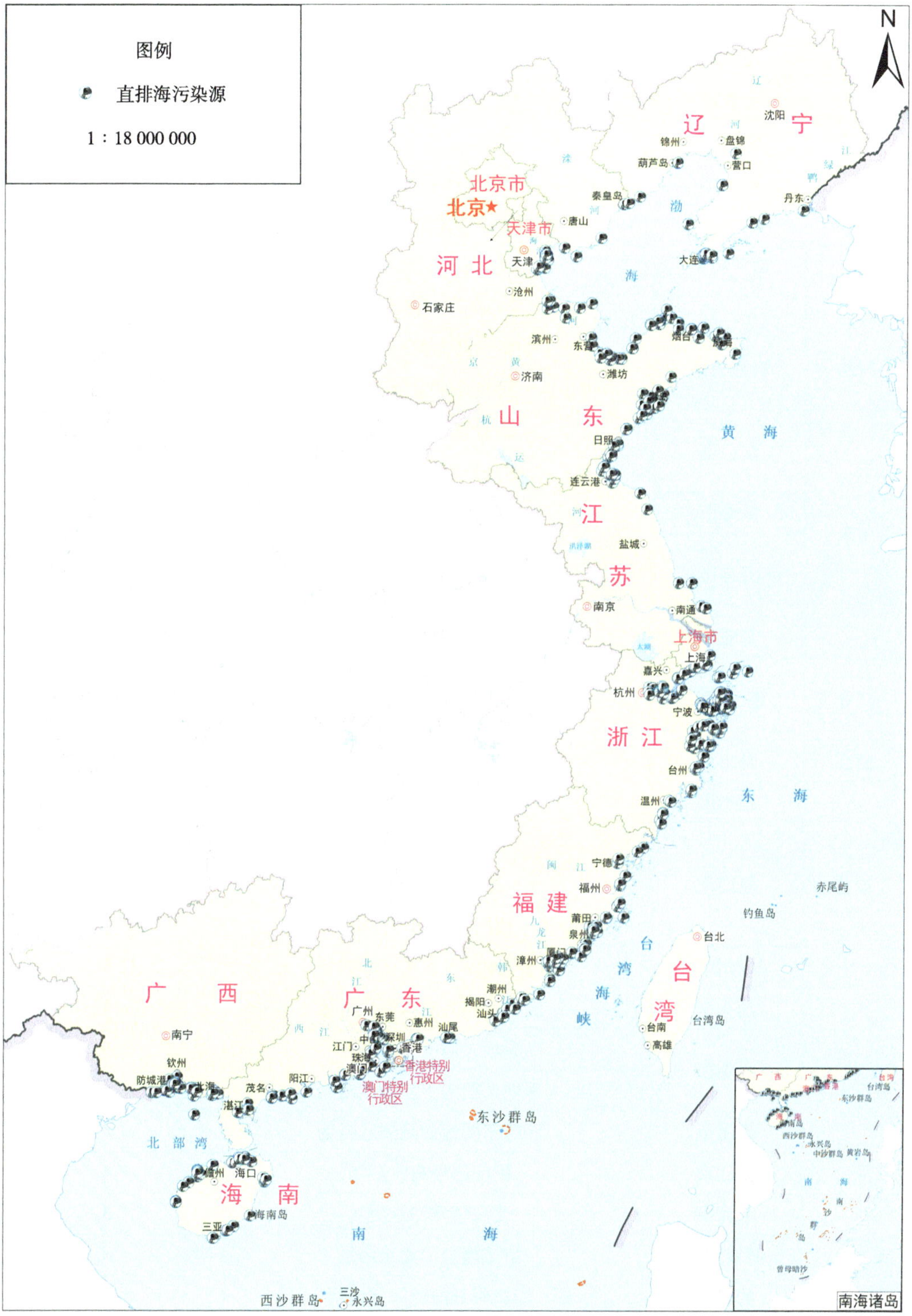

图 1.2-7 2023 年监测的直排海污染源空间分布图

表 1.2-5　2023 年重点监测的 32 个海水浴场名录

省（区）	城市	浴场名称	监测点位数量 / 个
辽宁	大连市	大连棒棰岛海水浴场	6
	营口市	营口月牙湾浴场	6
	锦州市	锦州孙家湾浴场	6
	葫芦岛市	葫芦岛绥中东戴河海水浴场	6
		葫芦岛 313 海滨浴场	6
		葫芦岛兴城海滨浴场	6
河北	秦皇岛市	秦皇岛老虎石浴场	3
		秦皇岛平水桥浴场	3
山东	烟台市	烟台第一海水浴场	3
		烟台开发区海水浴场	3
	威海市	威海国际海水浴场	6
	青岛市	青岛第一海水浴场	3
		青岛金沙滩海水浴场	6
	日照市	日照海滨国家森林公园海水浴场	6
江苏	连云港市	连云港连岛海滨浴场	3
		连云港苏马湾海水浴场	3
浙江	舟山市	舟山朱家尖浴场	3
福建	福州市	平潭龙王头海水浴场	6
	厦门市	厦门鼓浪屿浴场	3
		厦门曾厝垵浴场	3
		厦门黄厝海水浴场	3
	漳州市	漳州东山马銮湾海水浴场	3
广东	汕头市	汕头南澳青澳湾海水浴场	4
	深圳市	深圳大梅沙海水浴场	6
		深圳大鹏湾下沙海水浴场	6
	珠海市	珠海东澳南沙湾海水浴场	3
	阳江市	阳江闸坡海水浴场	4
广西	北海市	北海银滩海水浴场	3
	防城港市	防城港金滩海水浴场	10
海南	海口市	海口假日海滩海水浴场	6
	三亚市	三亚大东海浴场	6
		三亚亚龙湾海水浴场	9

图 1.2-8 2023 年重点监测的 32 个海水浴场空间分布图

根据海水浴场沙滩长度确定监测断面数量。沙滩长度不大于 2 km，布设不少于 1 个监测断面；沙滩长度 2～5 km，布设不少于 2 个监测断面；沙滩长度大于 5 km，布设不少于 3 个监测断面。海水浴场所设监测点位总数应不少于 3 个，采样点宜布设在水深 0.5 m、1.0 m 和 1.5 m 处，相当于成年人身高的齐膝深、齐腰深和齐胸深处。当海水浴场周边存在污染源时，应在污染源与海水浴场的交界处增设监测点。

1.2.4 海洋生态环境监测项目及分析工作概况

1.2.4.1 海水质量

2023 年，国家海洋环境监测中心（以下简称海洋中心）组织沿海省级生态环境监测站及其驻市站、流域海域生态环境监测与科学研究中心和第三方环境监测机构，开展了全国管辖海域 1 359 个国控点位海水水质监测工作。

1.2.4.1.1 监测指标

监测指标包括基础指标和化学指标，其中基础指标包括风速、风向、海况、天气现象、水深、水温、水色、盐度、透明度、叶绿素 a；化学指标包括 pH、溶解氧、化学需氧量、氨氮、硝酸盐氮、亚硝酸盐氮、活性磷酸盐、石油类、悬浮物质、总氮、总磷、铜、锌、总铬、汞、镉、铅、砷。

1.2.4.1.2 采样及实验室分析工作情况

近岸海域开展三期监测，分别在春季（4—5 月）、夏季（7—8 月）和秋季（10—11 月）实施；近海海域开展一期监测，在夏季（7—8 月）实施。总氮、总磷、铜、锌、总铬、汞、镉、铅、砷等 9 项指标在夏季（7—8 月）监测 1 次。

原则上采样层次依据《海洋监测规范　第 3 部分：样品采集、贮存与运输》（GB 17378.3—2007）中的表 1 确定。石油类采集表层样品。

海水质量监测的质量保证与质量控制措施包括内部质量控制、外部质量控制、样品编码加密等。其中，内部质量控制依据《海洋监测规范》（GB 17378—2007）、《近岸海域环境监测技术规范》（HJ 442—2020）、《海洋监测技术规程》（HY/T 147—2013）、《2023 年全国海洋生态环境监测质量保证和质量控制方案》等标准和文件实施。外部质量控制由海洋中心组织流域海域监测中心、沿海省级监测机构等开展海水水质国控点位监测监督检查、海洋环境监测质量监督飞行检查和能力考核。外部质量控制覆盖全部监测任务承担单位。沿海各省（区、市）生态环境监测中心（海洋监测站）对本辖区地方监测点位开展质控监督；样品编码隐藏点位信息，采样单位应按照统一格式进行样品（包括质控样）加密编码，并使用加密编码开展样品的测定和数据录入。

内部质量控制方面，各任务承担单位通过容器空白、现场空白样、现场平行样、实验室空白样、实验室自控和他控平行样、实验室自控和他控标样等手段开展内部质量控制。

外部质量控制方面，海洋中心针对海水水质监测开展三期实验室能力考核，第一期实验室能力考核指标为海水中亚硝酸盐氮、硝酸盐氮、氨氮、活性磷酸盐、铜、铅、锌、镉、铬、汞和油类。26 家任务承担单位均参加考核并取得满意结果。第二期考核指标为海水中亚硝酸盐氮、硝酸盐氮、氨氮、活性磷酸盐、铜、铅、锌、镉、总铬、汞和油类。26 家任务承担单位均参加考核并取得满意结果。第三期考核指标为海水中亚硝酸盐氮、硝酸盐氮、氨氮、活性磷酸盐、铜、铅、锌、镉、铬和油类。24 家任务承担单位均参加考核并取得满意结果。共派出 41 个检查组 132 人次实施海水水质监测质量监督检查。各单位均能按照相关标准规范开展海水水质监测工作，监测全程实施质量控制，数据记录详尽、及时、可溯源，监测质量基本受控，但仍存在部分问题。检查组已责成相关单位针对存在的问题进行整改，并跟踪验证整改完成情况。

1.2.4.1.3　评价依据

（1）管辖海域海水水质

管辖海域水质评价采用夏季管辖海域国控监测点位数据，评价指标包括无机氮（亚硝酸盐、硝酸盐、氨氮）、活性磷酸盐、石油类、化学需氧量、pH。评价依据《海水水质标准》（GB 3097—1997）和《近岸海域环境监测技术规范　第十部分　评价及报告》（HJ 442.10—2020），评价方法依据《海水、海洋沉积物和海洋生物质量评价技术规范》（HJ 1300—2023）。

（2）近岸海域海水水质

近岸海域水质评价采用春季、夏季、秋季三个季节近岸海域国控监测点位数据。评价指标包括无机氮（亚硝酸盐、硝酸盐、氨氮）、活性磷酸盐、石油类、化学需氧量、pH、溶解氧、铜、汞、镉、铅。评价依据《海水水质标准》（GB 3097—1997）和《近岸海域环境监测技术规范　第十部分　评价及报告》（HJ 442.10—2020），评价方法依据《海水、海洋沉积物和海洋生物质量评价技术规范》（HJ 1300—2023）。

（3）海水富营养化

富营养化状况评价采用夏季管辖海域国控监测点位数据。评价指标包括无机氮（亚硝酸盐、硝酸盐、氨氮）、活性磷酸盐、化学需氧量。评价依据《近岸海域环境监

测技术规范 第十部分 评价及报告》（HJ 442.10—2020），评价方法依据《海水、海洋沉积物和海洋生物质量评价技术规范》（HJ 1300—2023）。

（4）海湾水质

海湾水质评价采用春季、夏季、秋季三个季节近岸海域国控监测点位数据。评价指标包括无机氮（亚硝酸盐、硝酸盐、氨氮）、活性磷酸盐、石油类、化学需氧量、pH、溶解氧、铜、汞、镉、铅。评价依据《海水水质标准》（GB 3097—1997）和《近岸海域环境监测技术规范 第十部分 评价及报告》（HJ 442.10—2020），评价方法依据《海水、海洋沉积物和海洋生物质量评价技术规范》（HJ 1300—2023）。

1.2.4.2 海洋垃圾

1.2.4.2.1 监测指标

监测指标包括海面漂浮垃圾、海滩垃圾、海底垃圾（选测）的种类、数量和质量。

1.2.4.2.2 采样及实验室分析工作情况

近岸海域海洋垃圾监测频次为1次，于8—9月实施，河口区邻近海域于丰水期监测。

海洋垃圾监测质量保证与质量控制，依据《海洋垃圾监测与评价指南（试行）》（海环监〔2022〕13号）要求实施。沿海各省（区、市）生态环境监测中心（海洋监测站）组织辖区内海洋垃圾监测质量控制与管理。海洋中心负责组织开展海洋垃圾监测质量监督检查。同时，为了提高数据质量，确保监测数据的可靠性、持续性，海洋中心对各沿海省（区、市）报送的海洋垃圾监测数据、评价报告、现场照片进行了严格审查。核查结果表明，有部分监测区域数据与报送照片不符，该部分数据不纳入本年度海洋垃圾评价工作。

1.2.4.2.3 评价依据

海洋垃圾评价依据《海洋垃圾监测与评价指南（试行）》（海环监〔2022〕13号）。

1.2.4.3 海洋生态系统

1.2.4.3.1 监测指标

（1）河口生态系统监测指标

水环境质量：水温、pH、溶解氧、化学需氧量、盐度、氨氮、硝酸盐氮、亚硝酸盐氮、活性磷酸盐、石油类、悬浮物质、铜、锌、总铬、汞、镉、铅、砷、叶绿素a；

沉积物质量：硫化物、石油类、有机碳、铜、锌、铬、汞、镉、铅、砷、粒度；

生物质量：监测1～2种经济贝类污染物残留状况，包括铜、锌、铬、总汞、镉、铅、砷和石油烃；

栖息地状况：岸线及生物栖息地面积变化；

生物群落：浮游植物、浮游动物、鱼卵与仔稚鱼、大型底栖动物等生物群落状况。

（2）海湾生态系统监测指标

水环境质量：水温、pH、溶解氧、化学需氧量、盐度、氨氮、硝酸盐氮、亚硝酸盐氮、活性磷酸盐、石油类、悬浮物质、铜、锌、总铬、汞、镉、铅、砷、叶绿素a；

沉积物质量：硫化物、石油类、有机碳、铜、锌、铬、汞、镉、铅、砷、粒度；

生物质量：监测1~2种经济贝类污染物残留状况，包括铜、锌、铬、总汞、镉、铅、砷和石油烃；

栖息地状况：岸线及生物栖息地面积变化；

生物群落：浮游植物、浮游动物、鱼卵与仔稚鱼、大型底栖动物等生物群落状况。

（3）滩涂湿地生态系统监测指标

水环境质量：水温、pH、溶解氧、化学需氧量、盐度、氨氮、硝酸盐氮、亚硝酸盐氮、活性磷酸盐、石油类、悬浮物质、铜、锌、总铬、汞、镉、铅、砷、叶绿素a；

沉积物质量：硫化物、石油类、有机碳、铜、锌、铬、汞、镉、铅、砷、粒度；

生物质量：监测1~2种经济贝类污染物残留状况，包括铜、锌、铬、总汞、镉、铅、砷和石油烃；

栖息地状况：岸线及生物栖息地面积变化；

生物群落：浮游植物、浮游动物、鱼卵与仔稚鱼、大型底栖动物等生物群落状况。

（4）红树林生态系统监测指标

水环境质量：水温、pH、溶解氧、化学需氧量、盐度、氨氮、硝酸盐氮、亚硝酸盐氮、活性磷酸盐、石油类、悬浮物质、铜、锌、总铬、汞、镉、铅、砷、叶绿素a；

生物质量：监测1~2种经济贝类污染物残留状况，包括铜、锌、铬、总汞、镉、铅、砷和石油烃；

栖息地状况：红树林面积、土壤盐分、硫化物、石油类、有机碳、铜、锌、铬、汞、镉、铅、砷、粒度；

生物群落：红树林覆盖度、红树林密度、底栖动物密度、底栖动物生物量、红树林病害发生面积。

（5）珊瑚礁生态系统监测指标

水环境质量：水温、pH、溶解氧、化学需氧量、盐度、氨氮、硝酸盐氮、亚硝酸盐氮、活性磷酸盐、石油类、悬浮物质、铜、锌、总铬、汞、镉、铅、砷、叶绿素a；

生物质量：监测1~2种经济贝类污染物残留状况，包括铜、锌、铬、总汞、镉、铅、砷和石油烃；

栖息地状况：大型底栖藻类盖度、活珊瑚盖度；

生物群落：珊瑚死亡率、珊瑚病害、硬珊瑚补充量、软／硬珊瑚的种类（包含物种名录）和珊瑚礁鱼类密度。

（6）海草床生态系统监测指标

水环境质量：透光率、水温、pH、溶解氧、化学需氧量、盐度、氨氮、硝酸盐氮、亚硝酸盐氮、活性磷酸盐、石油类、悬浮物质、铜、锌、总铬、汞、镉、铅、砷、叶绿素a；

沉积环境：硫化物、石油类、有机碳、铜、锌、铬、汞、镉、铅、砷、粒度；

生物质量：监测1~2种经济贝类污染物残留状况，包括铜、锌、铬、总汞、镉、铅、砷和石油烃；

栖息地状况：海草分布面积；

生物群落：海草盖度、海草生物量、海草密度、底栖动物生物量。

1.2.4.3.2 采样及实验室分析工作情况

海洋生态系统监测频次为1次，监测时间原则上应与近5年的监测时间基本保持一致。其中，海湾、滩涂生态系统监测于7—8月开展。红树林生态系统监测于10月开展。珊瑚礁生态系统监测于7—10月开展。河口、海草床生态系统监测于7—9月开展。

海洋生态系统监测质量保证与质量控制措施包括内部质量控制、外部质量控制。内部质量控制依据《海洋监测规范》（GB 17378—2007）、《近岸海域环境监测技术规范》（HJ 442—2020）、《海洋调查规范》（GB/T 12763—2007）、《海洋监测技术规程》（HY/T 147—2013）、《红树林生态监测技术规程》（HY/T 081—2005）、《珊瑚礁生态监测技术规程》（HY/T 082—2005）、《海草床生态监测技术规程》（HY/T 083—2005）、《2023年全国海洋生态环境监测质量保证和质量控制方案》等标准和文件的要求实施。外部质量控制由海洋中心负责组织典型海洋生态系统健康状况监测质量监督检查，开展浮游植物、浮游动物和大型底栖动物鉴定能力考核。沿海各省（区、市）生态环境监测中心（海洋监测站）组织辖区内典型海洋生态系统健康状况监测的质量控制与管理。

外业监督检查方面，海洋中心抽选4家任务承担单位开展外业监督检查，经检查，4家典型海洋生态系统健康状况监测任务承担单位总体评价结论"受控"。

海洋生物种类鉴定能力考核指标包括典型海洋生态系统中浮游动物、浮游植物和大型底栖动物。本年度共有 30 家单位参加考核。浮游植物能力考核共 26 家单位参加，考核结果全部"满意"。浮游动物能力考核共 22 家单位参加，其中 19 家单位考核结果"满意"，3 家单位考核结果"不满意"，经过补考后，考核结果为"满意"。大型底栖动物能力考核共 26 家单位参加，其中 24 家单位考核结果"满意"，2 家考核结果"不满意"，经过补考后，考核结果为"满意"。

1.2.4.3.3 评价依据

典型海洋生态系统健康评价依据《近岸海洋生态健康评价指南》（HY/T 087—2005），在水环境、沉积物环境、生物质量、栖息地和生物群落五个方面建立相应评价指标体系，对河口、海湾、滩涂湿地、珊瑚礁、红树林和海草床典型生态系统进行评价。评价结论将海洋生态系统的健康状态[①]分为健康、亚健康和不健康三个级别。

1.2.4.4 海洋自然保护地

1.2.4.4.1 监测指标

监测指标包括主要保护对象、生境状况和主要威胁因素三类。

主要保护对象包括黑嘴鸥、丹顶鹤、东方白鹳、白头鹤等珍禽，海龟、白海豚、斑海豹等珍稀濒危动物以及红树林、珊瑚礁等典型生态系统。

生境状况包括水环境质量、海洋物种丰富度、自然滨海湿地面积占比和自然岸线保有率。

主要威胁因素包括自然生态系统被侵占面积和外来入侵植物种类。

1.2.4.4.2 采样及实验室分析工作情况

海洋自然保护地监测频次为 1 次，于 3—11 月开展。其中，主要保护对象及水环境质量监测时间可根据实际情况适当调整。原则上监测时间应与上年基本保持一致。

海洋自然保护地监测质量保证与质量控制措施包括内部质量控制、外部质量控制。内部质量控制依据《海洋监测规范》（GB 17378—2007）、《自然保护地人类活动遥感监测技术规范》（HJ 1156—2021）、《海洋监测技术规程　第 7 部分：卫星遥感技术方法》（HY/T 147.7—2013）、《红树林生态监测技术规程》（HY/T 081—2005）、《珊瑚礁

---

① 海洋生态系统的健康状态分为健康、亚健康、不健康三个级别：（1）健康：生态系统保持其自然属性。生物多样性及生态系统结构基本稳定，生态系统主要服务功能正常发挥。人为活动所产生的生态压力在生态系统的承载力范围之内。（2）亚健康：生态系统基本维持其自然属性。生物多样性及生态系统结构发生一定程度变化，但生态系统主要服务功能尚能正常发挥。环境污染、人为破坏、资源的不合理利用等生态压力超出生态系统的承载力。（3）不健康：生态系统自然属性明显改变。生物多样性及生态系统结构发生较大程度变化，生态系统主要服务功能严重退化或丧失。环境污染、人为破坏、资源的不合理利用等生态压力超出生态系统的承载力。

生态监测技术规程》（HY/T 082—2005）、《滨海湿地鸟类监测技术规程（试行）》等标准规范的要求实施。外部质量控制由沿海各省（区、市）生态环境监测中心（海洋监测站）组织辖区内海洋自然保护地生态环境状况监测的质量控制与管理。同时，为提高监控数据质量，保证监测评价结果的可靠性，海洋中心对沿海各省（区、市）报送的 10 个海洋自然保护地监测数据进行了严格审查。核查结果表明，有个别监测点位不在保护区范围内，故不纳入评价范围。

1.2.4.4.3　评价依据

海洋自然保护地评价依据《自然保护区生态环境保护成效评估标准（试行）》（HJ 1203—2021）。

1.2.4.5　滨海湿地

1.2.4.5.1　监测指标

监测指标包括湿地水鸟和互花米草。其中，湿地水鸟包括种类、数量，重点监测《国家重点保护野生动物名录》中的水鸟；互花米草监测包括种类和面积。

1.2.4.5.2　采样及实验室分析工作情况

滨海湿地监测频次为 1 次，于 8—11 月开展。

滨海湿地监测质量保证与质量控制措施包括内部质量控制、外部质量控制。内部质量保证与质量控制依据《海洋监测技术规程　第 7 部分：卫星遥感技术方法》（HY/T 147.7—2013）、《滨海湿地生态监测技术规程》（HY/T 080—2005）、《红树林生态监测技术规程》（HY/T 081—2005）、《生物多样性观测技术导则　陆生维管植物》（HJ 710.1—2014）等标准规范的要求进行。外部质量控制由沿海各省（区、市）生态环境监测中心（海洋监测站）组织辖区内滨海湿地生态环境状况监测的质量控制与管理。

1.2.4.6　主要入海污染源

入海河流水质评价依据《地表水环境质量评价办法（试行）》（环办〔2011〕22 号）。河流断面水质类别评价采用单因子评价法。

直排海污染源的污染物入海量计算方式如下：

（1）污染物浓度和污水流量实行同步监测的排污口

$$污染物入海量（t/a）= 污染物平均浓度（mg/L）× 污水平均流量（m^3/h）× 污水排放时间（h/a）× 10^{-6}$$

（2）未进行污染物浓度和污水流量同步监测的排污河（沟、渠）

$$污染物入海量（t/a）= 污染物平均浓度（mg/L）× 污水入海量（万 t/a）× 10^{-2}$$

监测浓度和加权平均浓度低于检出限的指标，浓度按 1/2 检出限计，不计总量。

1.2.4.7 海水浴场

1.2.4.7.1 监测指标

海水浴场必测指标包括水温、粪大肠菌群、肠球菌（暂不作为评价指标）、漂浮物、溶解氧、透明度、石油类、色、臭和味、赤潮发生情况。在此基础上，23 个海水浴场开展了浪高、天气现象、风向、风速、总云量、降水量、气温、能见度等的监测。

1.2.4.7.2 采样及实验室分析工作情况

浙江及以北区域沿海 11 个城市 17 个海水浴场于 7 月 1 日至 9 月 30 日开展监测；福建及以南区域沿海 11 个城市 15 个海水浴场于 6 月 1 日至 9 月 30 日开展监测，每周开展 2 次监测。

海水浴场环境监测质量保证与质量控制依据《海水浴场监测与评价指南》（HY/T 0276—2019）要求实施，其中粪大肠菌群采用发酵法分析，肠球菌采用滤膜法分析。海洋中心负责组织开展海水浴场水质监测质量监督检查。沿海各省（区、市）生态环境监测中心（海洋监测站）组织辖区内海水浴场水质监测质量控制与管理。

内部质量控制方面，各任务承担单位通过容器空白、现场空白样、实验室空白样、实验室阳性质控、加标回收率等手段开展内部质量控制。32 个海水浴场共获取质控数据 4 480 条，所有质控数据均合格，合格率为 100%。

外部质量控制方面，海洋中心从专家库中抽选专家，组建监督检查组，抽选青岛第一海水浴场、深圳大梅沙海水浴场和阳江闸坡海水浴场共 3 个海水浴场开展检查。针对采样前准备工作、监测船条件、海上安全、样品采集、样品现场处理及保存运输、现场质控等情况进行现场跟踪检查。

1.2.4.7.3 评价依据

海水浴场依据《海水浴场监测与评价指南》（HY/T 0276—2019）的要求进行评价。水质状况判定采用单因子评价法[①]。

---

① 水质状况判定：全部水质评价指标判别结果均为"优"，则判定海水浴场水质状况为"优"；如果有一项或一项以上水质指标判别结果为"良"，且没有水质指标判别结果为"差"，则判定海水浴场水质状况为"良"；如果一项或一项以上水质指标判别结果为"差"，则判定海水浴场水质状况为"差"。按照上述判别依据统计各浴场各级别水质状况天数，计算其占监测天数的百分比。

02

海洋
环境质量

HAIYANG
HUANJING ZHILIANG

2.1 海水质量

2023 年我国管辖海域水质总体稳定，夏季符合第一类海水水质标准的海域面积占管辖海域面积的 97.9%；近岸海域水质总体保持改善趋势，优良（一、二类）水质面积比例为 85.0%，同比上升 3.1 个百分点。劣四类水质海域主要分布在辽东湾、长江口、杭州湾、珠江口等近岸海域，主要超标指标为无机氮和活性磷酸盐。综合治理攻坚战三大重点海域（渤海、长江口—杭州湾、珠江口邻近海域）总体优良水质面积比例为 67.5%，较上年上升 4.5 个百分点，总体改善，但其中长江口—杭州湾海域水质有所下降，优良水质面积比例为 49.9%，较上年下降 4.8 个百分点。与上年相比，辽宁、河北、山东、江苏、浙江、福建和广东优良水质面积比例有所上升，天津、广西和海南基本持平，上海有所下降。辽宁、山东和广东劣四类水质面积比例有所下降，河北、江苏、福建、广西和海南基本持平，天津、上海和浙江有所上升。283 个海湾单元①中，167 个海湾优良水质面积比例超过 85%，与 2018—2020 年水质平均水平相比，60 个海湾水质明显改善，66 个海湾水质改善，121 个海湾水质基本稳定，36 个海湾水质退化。夏季海水呈富营养状态的海域面积共 28 960 km²，同比增加 190 km²，2016—2023 年，中国管辖海域呈富营养状态的海域面积总体呈下降趋势。

2.1.1 管辖海域水质状况

2023 年夏季，一类水质海域面积占管辖海域的 97.9%，较上年同期上升 0.5 个百分点。劣四类水质海域面积为 21 410 km²，较上年同期减少 3 470 km²，主要超标指标为无机氮和活性磷酸盐，见图 2.1-1～图 2.1-4 和表 2.1-1。

---

① 283 个海湾单元是指在中国近岸海域的 283 个海湾地理单元，实现了对中国大陆自然岸线的全覆盖。

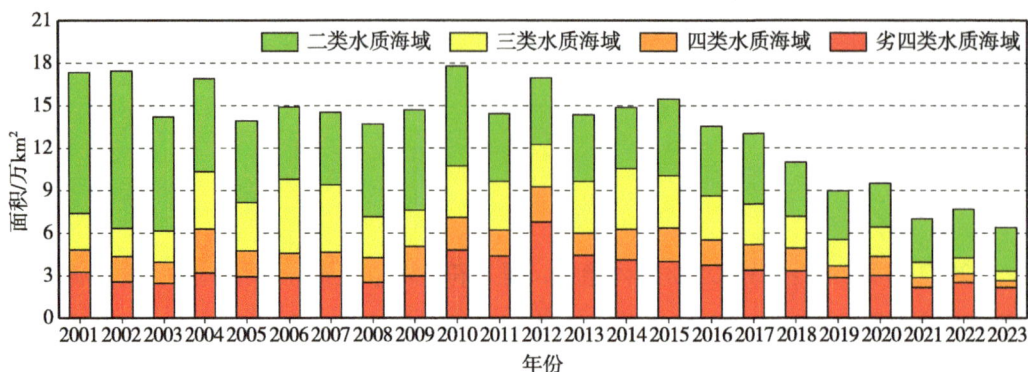

图 2.1-1 2001—2023 年夏季我国管辖海域未达到第一类海水水质标准的各类海域面积

表 2.1-1 2023 年夏季我国管辖海域未达到第一类海水水质标准的各类海域面积

单位：km²

海区	二类水质海域面积	三类水质海域面积	四类水质海域面积	劣四类水质海域面积	合计
渤海	6 660	2 360	860	2 330	12 210
黄海	4 850	470	120	260	5 700
东海	16 190	3 260	2 980	16 640	39 070
南海	2 930	890	900	2 180	6 900

　　海水中无机氮含量未达到第一类海水水质标准的海域面积为 52 170 km²。其中，二类、三类、四类和劣四类水质海域面积分别为 20 380 km²、6 260 km²、4 230 km² 和 21 300 km²，劣四类水质海域主要分布在辽东湾、渤海湾、黄河口、黄海北部、长江口、杭州湾和珠江口等近岸海域。

图 2.1-2　2023 年我国管辖海域水质状况分布示意图

图 2.1-3　2023 年我国管辖海域海水中无机氮分布示意图

图 2.1-4　2023 年我国管辖海域海水中活性磷酸盐分布示意图

图例

- 二、三类水质海域
- 四类水质海域
- 劣四类水质海域

1 : 18 000 000

海水中活性磷酸盐含量未达到第一类海水水质标准的海域面积为 42 350 km²。其中，二类、三类水质海域面积为 25 090 km²，四类和劣四类水质海域面积分别为 8 150 km² 和 9 110 km²，劣四类水质海域主要分布在辽东湾、长江口、杭州湾和珠江口等近岸海域。

渤海　未达到第一类海水水质标准的海域面积为 12 210 km²，同比减少 12 440 km²。其中，二类、三类、四类和劣四类水质海域面积分别为 6 660 km²、2 360 km²、860 km² 和 2 330 km²，劣四类水质海域主要分布在辽东湾、渤海湾和黄河口近岸海域。

黄海　未达到第一类海水水质标准的海域面积为 5 700 km²，同比减少 8 010 km²。其中，二类、三类、四类和劣四类水质海域面积分别为 4 850 km²、470 km²、120 km² 和 260 km²，劣四类水质海域主要分布在黄海北部近岸海域。

东海　未达到第一类海水水质标准的海域面积为 39 070 km²，同比增加 10 130 km²。其中，二类、三类、四类和劣四类水质海域面积分别为 16 190 km²、3 260 km²、2 980 km² 和 16 640 km²，劣四类水质海域主要分布在长江口和杭州湾近岸海域。

南海　未达到第一类海水水质标准的海域面积为 6 900 km²，同比减少 2 640 km²。其中，二类、三类、四类和劣四类水质海域面积分别为 2 930 km²、890 km²、900 km² 和 2 180 km²，劣四类水质海域主要分布在珠江口海域。

2001—2023 年各海区未达到第一类海水水质标准的各类海域面积见图 2.1-5。

2.1.2　近岸海域水质状况

（1）全国

2023 年，春季、夏季、秋季三期监测的综合评价结果表明，全国近岸海域水质总体保持改善趋势，优良（一、二类）水质面积比例平均为 85.0%，同比上升 3.1 个百分点，其中一类水质上升 7.2 个百分点，二类水质下降 4.1 个百分点；优良水质面积比例整体表现出夏季＞春季＞秋季的季节变化特征。与上年相比，各季节优良水质比例均上升。

劣四类水质面积比例为 7.9%，较上年下降 1.0 个百分点，劣四类水质面积比例整体表现出春季＞秋季＞夏季的季节变化特征。与上年相比，春季和夏季劣四类水比例下降，秋季上升。各季节均出现劣四类水质的海域主要分布在辽东湾、长江口、杭州湾和珠江口等近岸海域。主要超标指标为无机氮和活性磷酸盐，见图 2.1-6 和表 2.1-2。

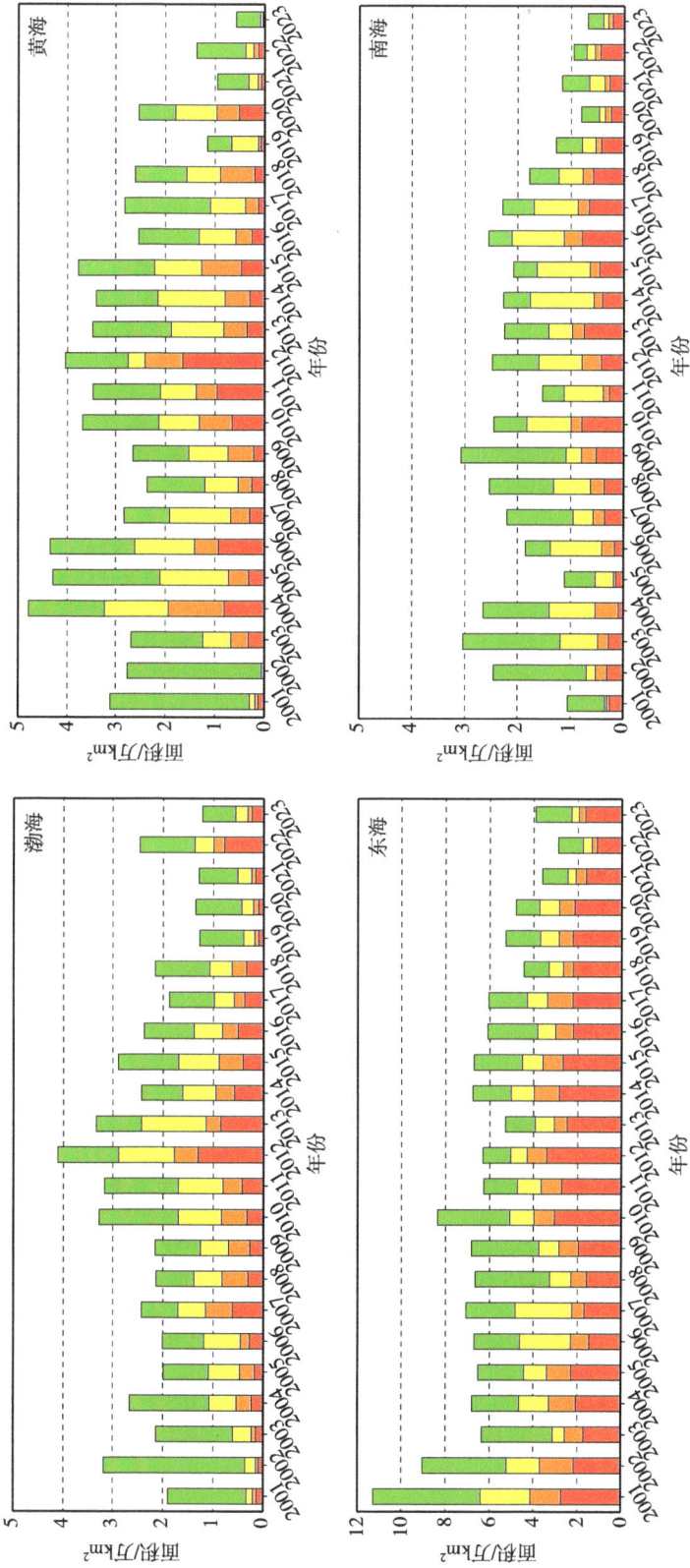

图 2.1-5　2001—2023 年各海区未达到第一类海水水质标准的各类海域面积

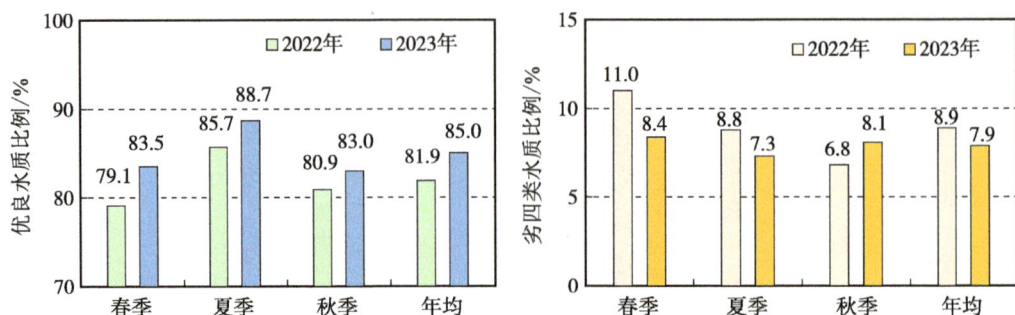

图 2.1-6　2022 年和 2023 年各季节全国近岸海域优良水质和劣四类水质面积比例

表 2.1-2　2023 年全国近岸海域各类海水水质面积比例及同比变化　　　　单位：%

季节	年份	一类	二类	三类	四类	劣四类	优良
春季	2023	69.5	14.0	5.5	2.6	8.4	83.5
	2022	66.4	12.7	5.6	4.3	11.0	79.1
	同比	↑ 3.1	↑ 1.3	↓ 0.1	↓ 1.7	↓ 2.6	↑ 4.4
夏季	2023	70.8	17.9	2.4	1.6	7.3	88.7
	2022	66.7	19.0	3.4	2.1	8.8	85.7
	同比	↑ 4.1	↓ 1.1	↓ 1.0	↓ 0.5	↓ 1.5	↑ 3.0
秋季	2023	67.1	15.9	5.3	3.6	8.1	83.0
	2022	52.5	28.4	3.5	8.8	6.8	80.9
	同比	↑ 14.6	↓ 12.5	↑ 1.8	↓ 5.2	↑ 1.3	↑ 2.1
平均	2023	69.1	15.9	4.5	2.6	7.9	85.0
	2022	61.9	20.0	4.1	5.1	8.9	81.9
	同比	↑ 7.2	↓ 4.1	↑ 0.4	↓ 2.5	↓ 1.0	↑ 3.1

　　2016 年以来，优良水质面积比例总体呈上升趋势，2023 年优良水质面积比例为 2016 年以来历史最高水平，较"十三五"末期（2020 年）上升 7.6 个百分点；劣四类水质面积比例总体呈下降趋势，2023 年劣四类水质面积比例为 2016 年以来历史最低水平，较"十三五"末期（2020 年）下降 1.5 个百分点，见图 2.1-7 和表 2.1-3。从全国近岸海域优良水质面积比例的环比趋势上看，虽然优良水质面积比例存在季节性波动，但总体呈上升趋势。2022—2023 年各季节近岸海域优良水质面积比例均高于"十四五"优良水质比例目标，见图 2.1-8 和图 2.1-9。

图 2.1-7　2016—2023 年全国近岸海域优良水质和劣四类水质面积比例变化趋势

表 2.1-3　2016—2023 年全国近岸海域各类海水水质面积比例　　单位：%

年份	一类	二类	三类	四类	劣四类	优良
2016	48.1	24.8	10.0	5.8	11.3	72.9
2017	48.5	22.2	9.9	6.8	12.6	70.7
2018	54.1	17.2	8.8	6.4	13.5	71.3
2019	46.6	30.0	7.0	4.7	11.7	76.6
2020	60.7	16.7	7.7	5.5	9.4	77.4
2021	66.8	14.5	5.2	3.9	9.6	81.3
2022	61.9	20.0	4.1	5.1	8.9	81.9
2023	69.1	15.9	4.5	2.6	7.9	85.0

图 2.1-8　2016—2023 年全国近岸海域优良水质面积比例环比变化趋势

图 2.1-9　2023 年全国近岸海域海水水质状况分布示意图（春季）

图 2.1-9 2023 年全国近岸海域海水水质状况分布示意图（夏季）（续）

图 2.1-9　2023 年全国近岸海域海水水质状况分布示意图（秋季）（续）

（2）重点海域 ①

依据《重点海域综合治理攻坚战行动方案》（环海洋〔2022〕11号）要求，到2025年，渤海、长江口—杭州湾、珠江口邻近海域生态环境持续改善，陆海统筹的生态环境综合治理能力明显增强。三大重点海域水质优良（一、二类）比例较2020年提升2个百分点左右。为掌握三大重点攻坚战海域水质状况，对渤海、长江口—杭州湾、珠江口综合治理攻坚战海域水质开展评价。

2023年，渤海、长江口—杭州湾、珠江口综合治理攻坚战海域优良水质面积比例为67.5%，较上年上升4.5个百分点。其中，渤海和珠江口邻近海域优良水质面积比例分别为83.5%和77.8%，较上年分别上升14.5个和6.1个百分点；劣四类水质面积比例分别为7.8%和11.6%，较上年分别下降9.5个和8.1个百分点。长江口—杭州湾海域优良水质面积比例为49.9%，较上年下降4.8个百分点；劣四类水质面积比例为34.4%，较上年上升8.0个百分点，见表2.1-4和图2.1-10～图2.1-12。

表2.1-4　2023年重点海域各类海水水质面积比例及变化　　单位：%

海域	年份	一类	二类	三类	四类	劣四类	优良
渤海	2023年	58.9	24.6	6.5	2.2	7.8	83.5
	同比	↑ 17.8	↓ 3.3	↓ 1.4	↓ 3.6	↓ 9.5	↑ 14.5
长江口—杭州湾	2023年	29.1	20.8	8.4	7.3	34.4	49.9
	同比	↑ 3.8	↓ 8.6	↑ 0.8	↓ 4.0	↑ 8.0	↓ 4.8
珠江口邻近海域	2023年	63.4	14.4	7.0	3.6	11.6	77.8
	同比	↑ 13.8	↓ 7.7	↑ 3.3	↓ 1.3	↓ 8.1	↑ 6.1
总体	2023年	46.2	21.3	7.5	4.7	20.3	67.5
	同比	↑ 10.9	↓ 6.4	↑ 0.4	↓ 3.4	↓ 1.5	↑ 4.5

渤海　优良水质面积比例为83.5%，较上年上升14.5个百分点，劣四类水质面积比例为7.8%，较上年下降9.5个百分点。其中，辽宁（渤海）、河北、山东（渤海）优良水质面积比例分别为72.8%、98.3%和88.4%，较上年分别上升5.7个、6.5个和28.0个百分点；劣四类水质面积比例分别为16.7%、0.4%和3.4%，分别下降4.1个、0.7个和19.7个百分点。天津优良水质面积比例为70.9%，较上年下降0.8个百分点；劣四类水质面积比例为5.4%，上升2.4个百分点。

① 重点海域是指纳入《重点海域综合治理攻坚战行动方案》中的三大海域，分别为渤海、长江口—杭州湾、珠江口邻近海域。

长江口—杭州湾 优良水质面积比例为49.9%，较上年下降4.8个百分点，劣四类水质面积比例为34.4%，较上年上升8.0个百分点。其中，上海和浙江攻坚战海域优良水质面积比例分别为14.4%和47.0%，较上年分别下降20.2个和3.0个百分点；劣四类水质面积比例分别为72.1%和33.7%，较上年分别上升27.9个和4.5个百分点。江苏南通优良水质面积比例为87.5%，较上年上升0.3个百分点；劣四类水质面积比例为5.7%，较上年上升1.7个百分点。

珠江口邻近海域 优良水质面积比例为77.8%，较上年上升6.1个百分点；劣四类水质面积比例为11.6%，较上年下降8.1个百分点。

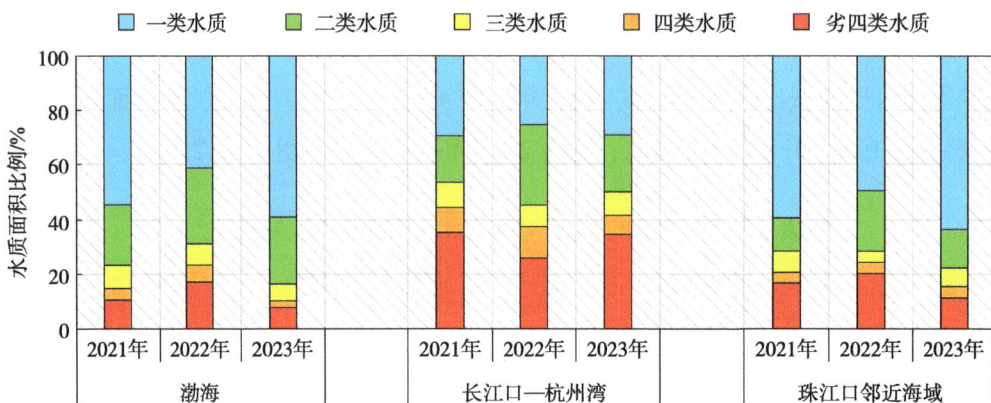

图 2.1-10　2021—2023 年重点海域各类海水水质面积比例

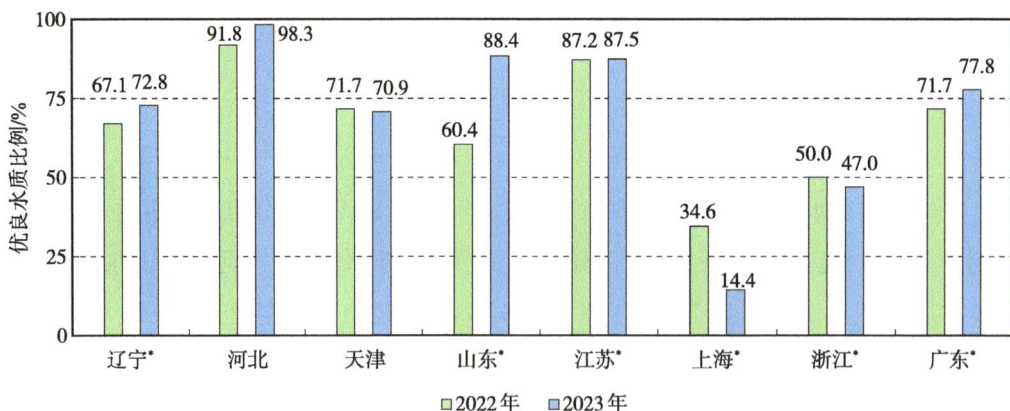

图 2.1-11　重点海域沿海省（市）优良水质面积比例

注：* 为重点海域综合治理攻坚战中涉及的海域范围。

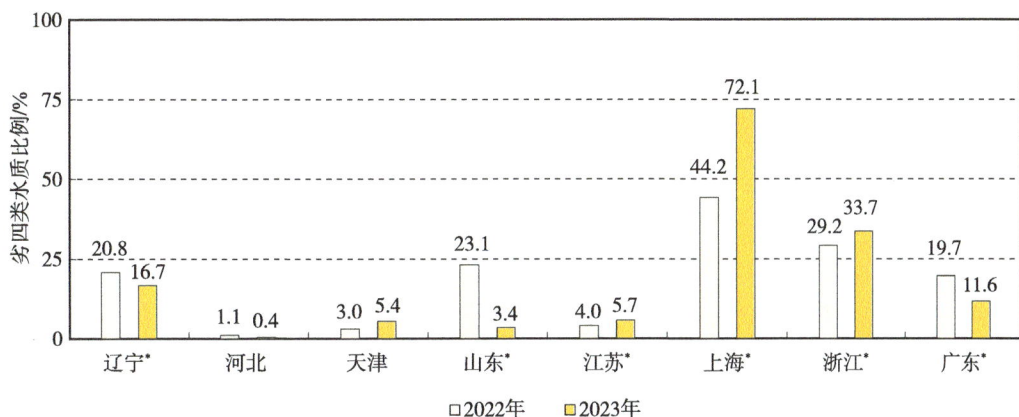

注：* 为重点海域综合治理攻坚战中涉及的海域范围。

图 2.1-12　重点海域沿海省（市）劣四类水质面积比例

（3）沿海各省（区、市）

2023 年，沿海 11 个省（区、市）中，辽宁、河北、山东、江苏、福建、广东、广西和海南优良水质面积比例高于全国平均水平。与上年相比，辽宁、河北、山东、江苏、浙江、福建和广东的优良水质面积比例较上年有所上升；上海较上年有所下降；天津、广西和海南较上年无显著变化。

上海和浙江劣四类水质面积比例高于全国平均水平。与上年相比，辽宁、山东和广东的劣四类水质面积比例较上年有所下降；天津、上海和浙江较上年有所上升；河北、江苏、福建、广西和海南较上年无显著变化，见图 2.1-13 和表 2.1-5。

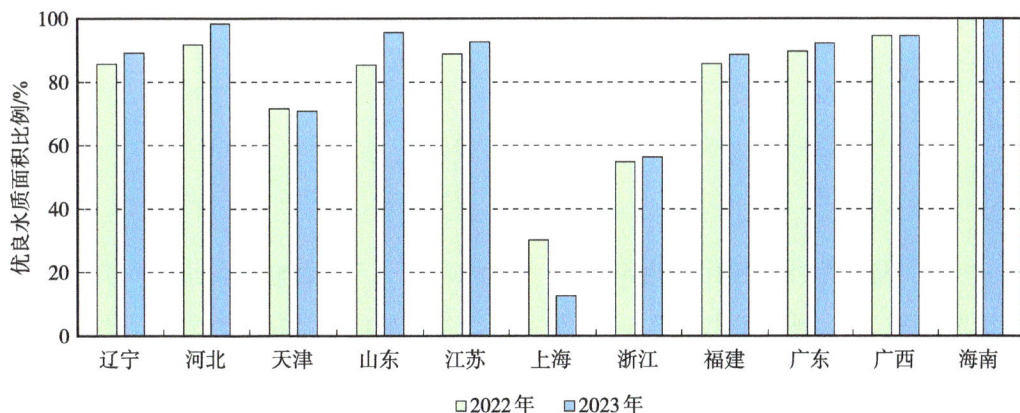

图 2.1-13　2022 年和 2023 年沿海各省（区、市）近岸海域优良水质面积比例

表 2.1-5　2023 年沿海各省（区、市）近岸海域各类海水水质面积比例　　　单位：%

省（区、市）	年份	一类	二类	三类	四类	劣四类	优良
辽宁	2023 年	82.7	6.5	3.1	1.4	6.3	89.2
	同比	↑ 7.5	↓ 4.0	↓ 0.6	↓ 1.0	↓ 1.9	↑ 3.5
河北	2023 年	76.1	22.2	0.7	0.6	0.4	98.3
	同比	↑ 18.3	↓ 11.8	↓ 3.8	↓ 2.0	↓ 0.7	↑ 6.5
天津	2023 年	24.8	46.1	19.3	4.4	5.4	70.9
	同比	↑ 15.9	↓ 16.7	↑ 1.6	↓ 3.2	↑ 2.4	↓ 0.8
山东	2023 年	75.0	20.6	2.5	0.6	1.3	95.6
	同比	↑ 7.7	↑ 2.5	↓ 1.0	↓ 2.1	↓ 7.1	↑ 10.2
江苏	2023 年	66.0	26.7	4.5	1.0	1.8	92.7
	同比	↑ 9.8	↓ 6.0	↓ 2.1	↓ 1.8	↑ 0.1	↑ 3.8
上海	2023 年	3.2	9.4	7.0	4.9	75.5	12.6
	同比	↓ 3.1	↓ 14.6	↓ 0.8	↓ 6.2	↑ 24.7	↓ 17.7
浙江	2023 年	36.3	20.0	10.8	8.8	24.1	56.3
	同比	↑ 6.4	↓ 5.0	↑ 2.9	↓ 6.5	↑ 2.2	↑ 1.4
福建	2023 年	75.0	13.7	5.8	3.5	2.0	88.7
	同比	↑ 17.8	↓ 14.9	↑ 1.7	↓ 4.0	↓ 0.6	↑ 2.9
广东	2023 年	76.9	15.4	2.8	1.4	3.5	92.3
	同比	↑ 5.1	↓ 2.5	↑ 0.8	↓ 0.7	↓ 2.7	↑ 2.6
广西	2023 年	73.8	20.7	1.7	3.1	0.7	94.5
	同比	↓ 9.3	↑ 9.3	↓ 0.2	↑ 0.6	↓ 0.4	0.0
海南	2023 年	99.0	0.8	0.0	0.1	0.1	99.8
	同比	↑ 0.3	↓ 0.3	0.0	0.0	0.0	0.0

辽宁　优良水质面积比例为 89.2%，较上年上升 3.5 个百分点，其中一类水质面积比例为 82.7%，较上年上升 7.5 个百分点，二类水质面积比例为 6.5%，下降 4.0 个百分点；劣四类水质面积比例为 6.3%，下降 1.9 个百分点。

河北　优良水质面积比例为 98.3%，较上年上升 6.5 个百分点，其中一类水质面积比例为 76.1%，较上年上升 18.3 个百分点，二类水质面积比例为 22.2%，下降 11.8 个百分点；劣四类水质面积比例为 0.4%，下降 0.7 个百分点。

天津　优良水质面积比例为 70.9%，较上年下降 0.8 个百分点，其中一类水质面积比例为 24.8%，较上年上升 15.9 个百分点，二类水质面积比例为 46.1%，下降 16.7 个百分点；劣四类水质面积比例为 5.4%，上升 2.4 个百分点。

山东　优良水质面积比例为 95.6%，较上年上升 10.2 个百分点，其中一类水质面积比例为 75.0%，较上年上升 7.7 个百分点，二类水质面积比例为 20.6%，上升 2.5 个百分点；劣四类水质面积比例为 1.3%，下降 7.1 个百分点。

江苏　优良水质面积比例为 92.7%，较上年上升 3.8 个百分点，其中一类水质面积比例为 66.0%，较上年上升 9.8 个百分点，二类水质面积比例为 26.7%，下降 6.0 个百分点；劣四类水质面积比例为 1.8%，上升 0.1 个百分点。

上海　优良水质面积比例为 12.6%，较上年下降 17.7 个百分点，其中一类水质面积比例为 3.2%，较上年下降 3.1 个百分点，二类水质面积比例为 9.4%，下降 14.6 个百分点；劣四类水质面积比例为 75.5%，上升 24.7 个百分点。

浙江　优良水质面积比例为 56.3%，较上年上升 1.4 个百分点，其中一类水质面积比例为 36.3%，较上年上升 6.4 个百分点，二类水质面积比例为 20.0%，下降 5.0 个百分点；劣四类水质面积比例为 24.1%，上升 2.2 个百分点。

福建　优良水质面积比例为 88.7%，较上年上升 2.9 个百分点，其中一类水质面积比例为 75.0%，较上年上升 17.8 个百分点，二类水质面积比例为 13.7%，下降 14.9 个百分点；劣四类水质面积比例为 2.0%，下降 0.6 个百分点。

广东　优良水质面积比例为 92.3%，较上年上升 2.6 个百分点，其中一类水质面积比例为 76.9%，较上年上升 5.1 个百分点，二类水质面积比例为 15.4%，下降 2.5 个百分点；劣四类水质面积比例为 3.5%，下降 2.7 个百分点。

广西　优良水质面积比例为 94.5%，与上年持平，其中一类水质面积比例为 73.8%，较上年下降 9.3 个百分点，二类水质面积比例为 20.7%，上升 9.3 个百分点；劣四类水质面积比例为 0.7%，下降 0.4 个百分点。

海南　优良水质面积比例为 99.8%，与上年持平，其中一类水质面积比例为 99.0%，较上年上升 0.3 个百分点，二类水质面积比例为 0.8%，下降 0.3 个百分点；劣四类水质面积比例为 0.1%，与上年持平。

（4）海湾水质

283 个海湾单元中，167 个海湾优良水质面积比例超过 85%，其中，122 个海湾优良水质面积比例为 100%。沿海各省（区、市）中，海南优良水质面积比例超过 85% 的海湾单元数量比例最高，其次为河北、山东、广西。与各海湾单元 2018—2020 年水质平均水平相比，60个海湾水质明显改善，66个海湾水质改善，121个海湾水质基本稳定，36个海湾水质退化[①]。其中，江苏呈明显改善或改善的海湾单元数量比例最高，其次为浙江、天津、福建、广东，见图2.1-14、图2.1-15。

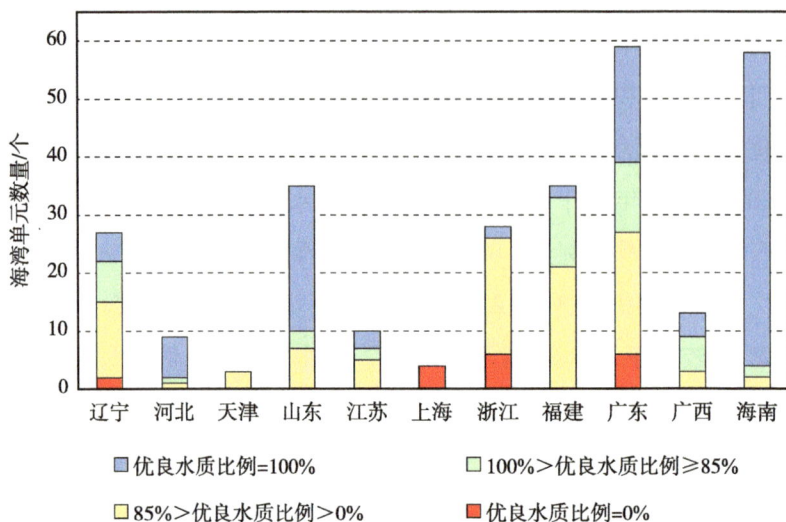

图 2.1-14　2023 年沿海各省（区、市）海湾单元水质状况

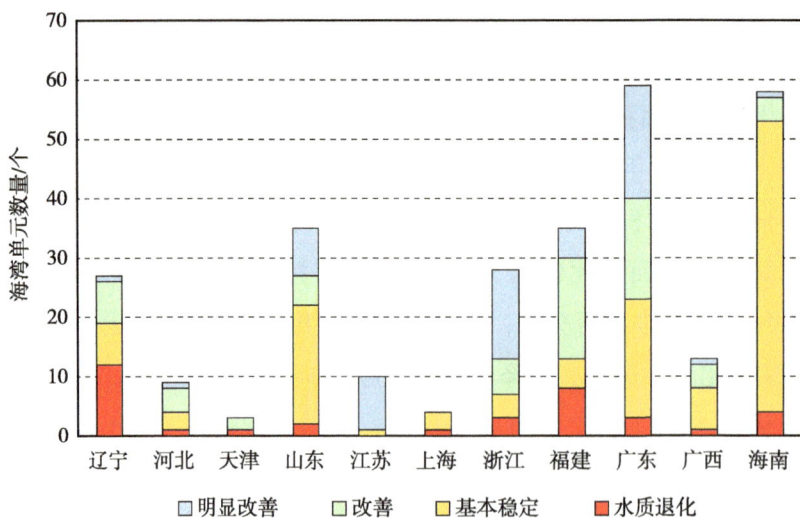

图 2.1-15　2023 年沿海各省（区、市）海湾单元水质改善状况

---

① 海湾水质优良比例与2018—2020年三年优良水质比例的算术平均值相比，增加20%以上为"明显改善"，增加5%～20%为"改善"，增加0～5%为"基本稳定"，增长率为负表示"水质退化"。

2.1.3　主要超标指标状况

2023 年，影响我国近岸海域海水水质状况的主要超标指标为无机氮和活性磷酸盐。春季个别点位 pH 和化学需氧量出现劣四类水质，溶解氧、石油类和镉各季节均未出现劣四类水质情况，汞、铜和铅均符合优良水质标准。

（1）无机氮

2023 年，全国近岸海域海水中无机氮含量符合优良水质标准的海域面积比例为85.4%，较上年上升 2.8 个百分点；劣四类水质海域面积比例为 7.9%，下降 0.7 个百分点，各季节均出现劣四类水质的海域主要分布在辽东湾、长江口、杭州湾和珠江口等近岸海域，见图 2.1-16 和图 2.1-17。

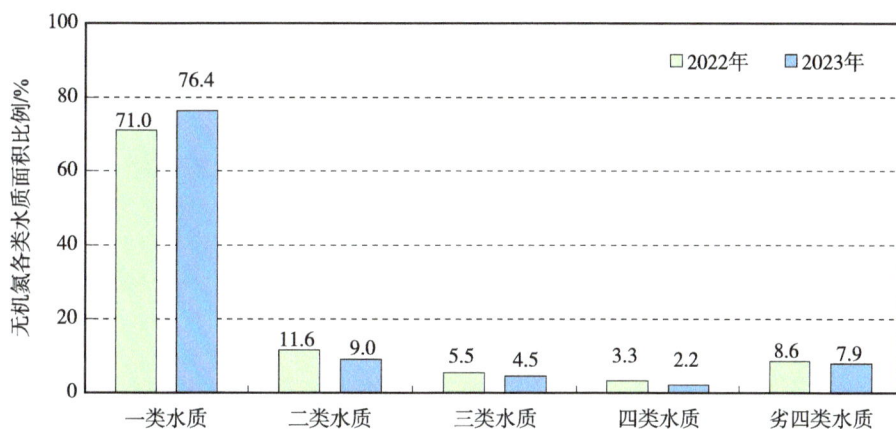

图 2.1-16　2022 年和 2023 年近岸海域海水中无机氮状况

图 2.1-17　2023 年近岸海域海水中无机氮水质状况图

图例

二类水质海域
三类水质海域
四类水质海域
劣四类水质海域

1：18 000 000

夏季

图 2.1-17（续）

图 2.1-17（续）

全国近岸海域海水中年均无机氮浓度为 0.258 mg/L，符合优良海水水质标准。各季节的无机氮浓度有所差异，全年夏季最低，为 0.228 mg/L；秋季最高，为 0.273 mg/L。与上年相比，春季、夏季及年均无机氮浓度均有所降低，秋季略有上升，见图 2.1-18。

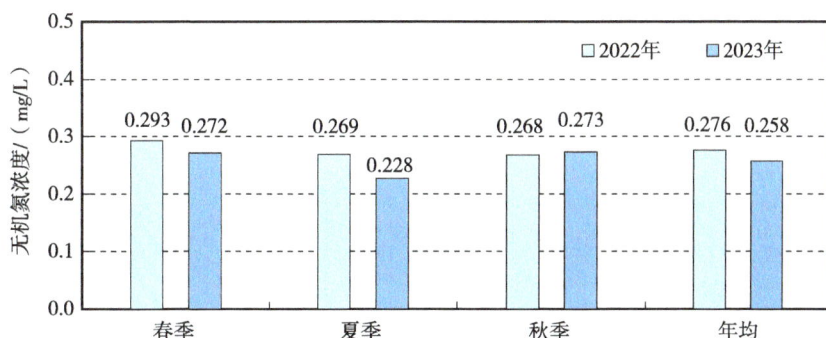

图 2.1-18　2022 年和 2023 年近岸海域海水中无机氮浓度

各海区近岸海域中，东海的年均无机氮浓度最高，为 0.451 mg/L，超过全国年均浓度 75%；渤海、黄海、南海分别为 0.215 mg/L、0.109 mg/L 和 0.190 mg/L，均低于全国年均浓度。重点海域中，长江口—杭州湾和珠江口邻近海域的年均无机氮浓度分别为 0.509 mg/L 和 0.414 mg/L，分别超过全国年均浓度 97% 和 60%。与上年相比，渤海、黄海、南海和珠江口邻近海域无机氮浓度均有所降低，东海和长江口—杭州湾海域有所上升，见图 2.1-19。

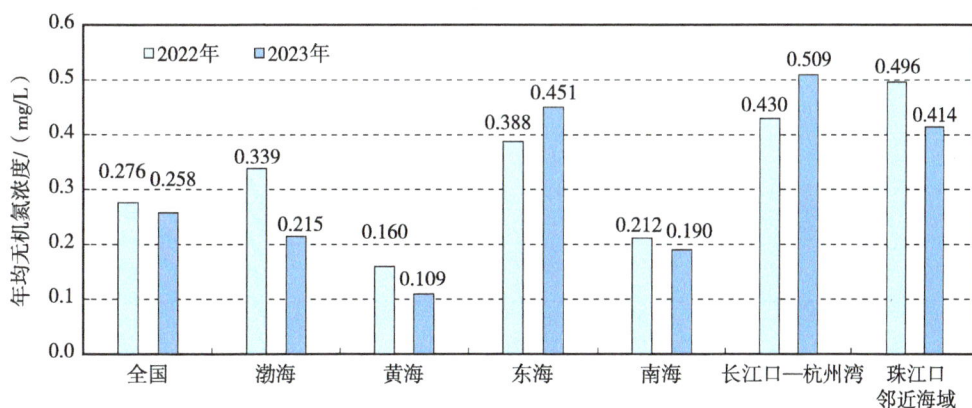

图 2.1-19　2022 年和 2023 年全国、海区、重点海域近岸海域年均无机氮浓度

沿海 11 个省（区、市）中，辽宁、河北、天津、山东、江苏、福建、广东、广西和海南年均无机氮浓度低于全国水平，浙江和上海高于全国平均水平。与上年相比，

辽宁、河北、天津、山东、江苏、福建和广东的年均无机氮浓度有所降低，上海和广西有所上升，浙江和海南略有上升，见图 2.1-20。

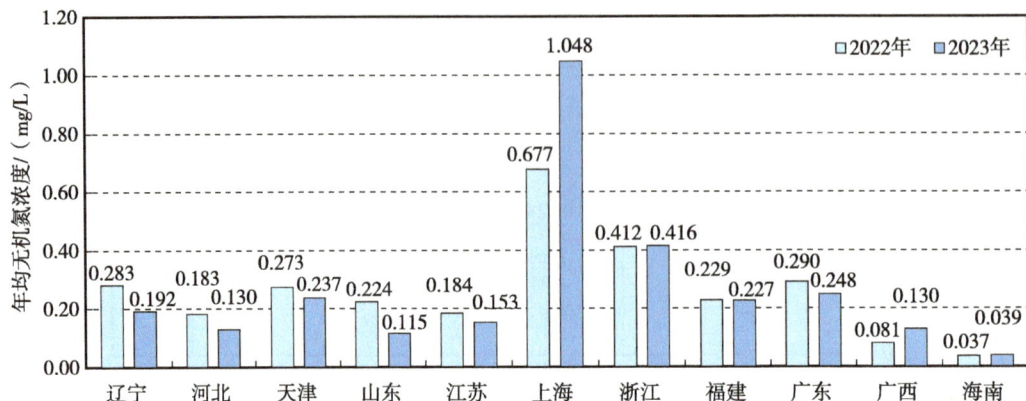

图 2.1-20 2022 年和 2023 年沿海各省（区、市）近岸海域年均无机氮浓度

2016 年以来，全国近岸海域海水中无机氮含量符合优良水质标准的海域面积比例总体呈上升趋势，2021—2023 年优良水质比例保持在 80% 以上，2023 年优良水质比例较"十三五"平均值上升 8.4 个百分点；劣四类水质比例总体呈下降趋势，2023 年劣四类水质比例较"十三五"平均值下降 3.4 个百分点，见图 2.1-21。

图 2.1-21 2016—2023 年近岸海域海水中无机氮变化趋势

从全国近岸海域海水中无机氮浓度的环比趋势上看，虽然存在季节性波动，但总体呈下降趋势。2017 年秋季至 2021 年夏季有显著下降趋势，2021 年秋季有所上升后，逐步降低至 2020 年水平，见图 2.1-22。

图 2.1-22　2016—2023 年近岸海域海水中无机氮浓度环比变化趋势

（2）活性磷酸盐

2023 年，全国近岸海域海水中活性磷酸盐含量符合优良水质标准的海域面积比例为 94.2%，较上年上升 1.8 个百分点；劣四类水质海域面积比例为 2.6%，下降 0.1 个百分点，各季节均出现劣四类水质的海域主要分布在杭州湾近岸海域，见图 2.1-23 和图 2.1-24。

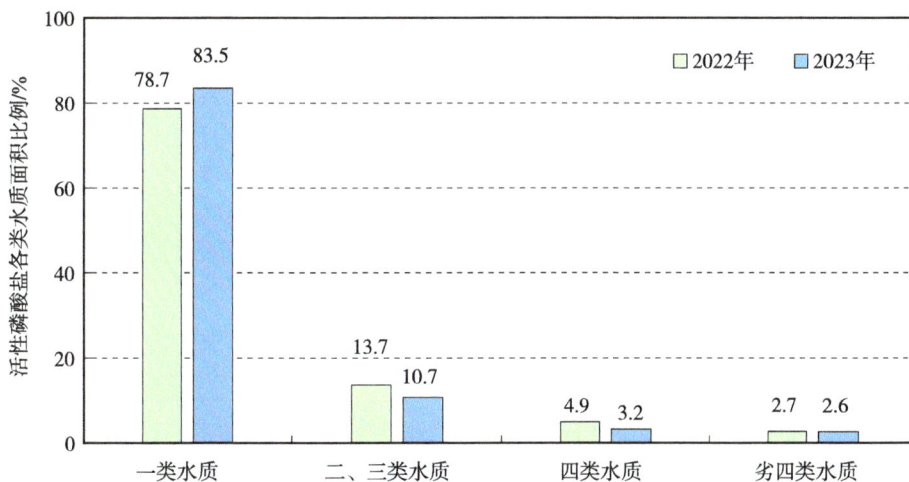

图 2.1-23　2022 年和 2023 年近岸海域海水中活性磷酸盐状况

图 2.1-24　2023 年近岸海域海水中活性磷酸盐水质状况图

图例
二、三类水质海域
四类水质海域
劣四类水质海域
1:18 000 000

夏季

图 2.1-24（续）

图 2.1-24（续）

全国近岸海域海水中年均活性磷酸盐浓度为 0.012 mg/L，符合优良海水水质标准。各季节的活性磷酸盐浓度有所差异，全年春季最低，为 0.009 mg/L；秋季最高，为 0.015 mg/L。与上年相比，春季、秋季及年均活性磷酸盐浓度均有所降低，夏季略有上升，见图 2.1-25。

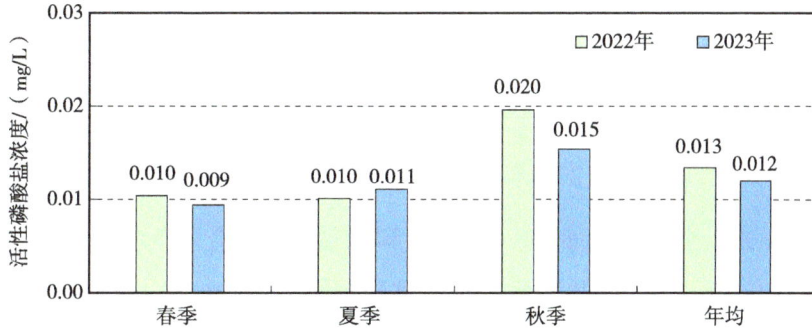

图 2.1-25　2022 年和 2023 年近岸海域海水中活性磷酸盐浓度

各海区近岸海域中，东海的年均活性磷酸盐浓度最高，为 0.022 mg/L，超过全国年均浓度 83%；渤海、黄海、南海分别为 0.006 mg/L、0.006 mg/L 和 0.009 mg/L，均低于全国年均浓度。重点海域中，长江口—杭州湾和珠江口邻近海域的年均活性磷酸盐浓度分别为 0.024 mg/L 和 0.013 mg/L，分别超过全国年均浓度 97% 和 6%。与上年相比，渤海、黄海、东海、南海和珠江口邻近海域活性磷酸盐浓度均有所降低，长江口—杭州湾海域与上年持平，见图 2.1-26。

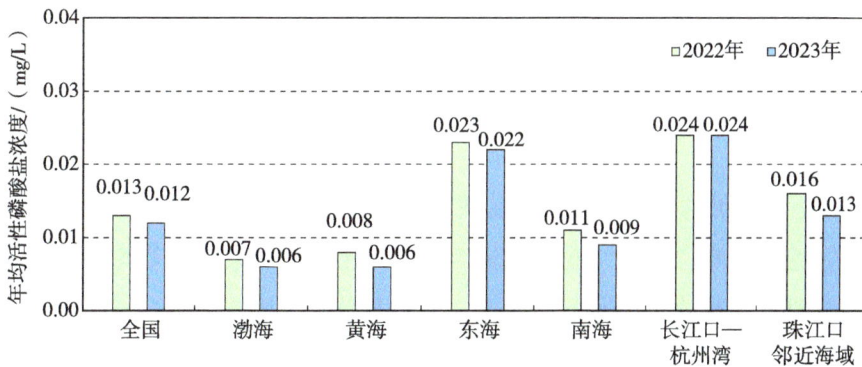

图 2.1-26　2022 年和 2023 年全国、海区、重点海域近岸海域年均活性磷酸盐浓度

沿海 11 个省（区、市）中，辽宁、河北、天津、山东、江苏、广东、广西和海南年均活性磷酸盐浓度低于全国平均水平，浙江、上海和福建高于全国平均水平。与上年相比，辽宁、山东、江苏、浙江、福建和广东的年均活性磷酸盐浓度有所降低，天津、上海和广西有所上升，河北和海南略有上升，见图 2.1-27。

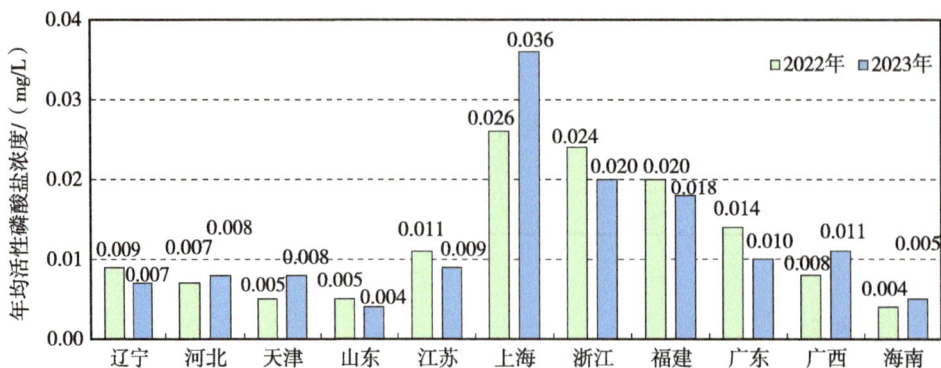

图 2.1-27　2022 年和 2023 年沿海各省（区、市）近岸海域年均活性磷酸盐浓度

　　2016 年以来，全国近岸海域海水中活性磷酸盐含量符合优良水质标准的海域面积比例总体稳中向好，2021—2023 年优良水质比例保持在 90% 以上，2023 年优良水质比例较"十三五"平均值上升 3.6 个百分点；劣四类水质比例总体稳定，2023 年劣四类水质比例较"十三五"平均值下降 1.0 个百分点，见图 2.1-28。

图 2.1-28　2016—2023 年近岸海域海水中活性磷酸盐变化趋势

　　从全国近岸海域海水中活性磷酸盐浓度的环比变化趋势上看，虽然存在季节性波动，但总体稳中有降。季节性变化显著，秋季活性磷酸盐浓度显著高于春季和夏季。2023 年的活性磷酸盐浓度总体为 2016 年以来最低值，见图 2.1-29。

2.1.4　海水富营养化

　　2023 年，夏季海水呈富营养状态 [①] 的海域面积共 28 960 km²，同比增加 190 km²。

---

　　① 富营养状态依据富营养化指数（E）计算结果确定。该指数计算公式为 $E =$（化学需氧量）×（无机氮）×（活性磷酸盐）× $10^6 / 4\,500$。$E \geqslant 1$ 为富营养，其中，$1 \leqslant E \leqslant 3$ 为轻度富营养，$3 < E \leqslant 9$ 为中度富营养，$E > 9$ 为重度富营养。

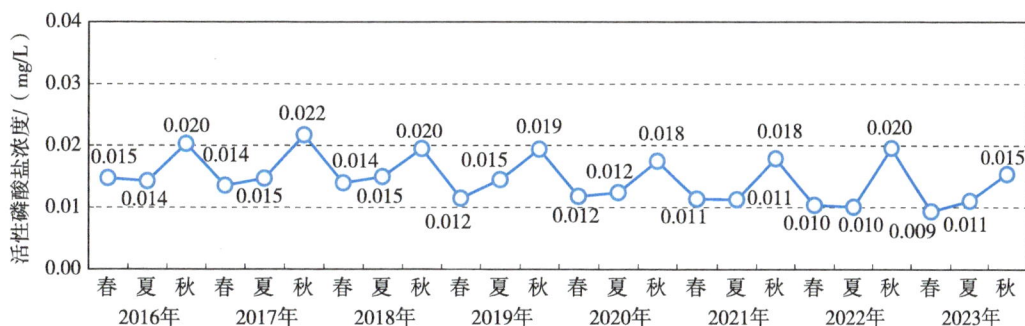

图 2.1-29　2016—2023 年近岸海域海水中活性磷酸盐浓度环比变化趋势

其中，呈轻度、中度和重度富营养状态的海域面积分别为 9 850 km²、6 310 km² 和 12 800 km²；重度富营养状态的海域主要集中在辽东湾、长江口、杭州湾和珠江口等近岸海域。2016—2023 年，中国管辖海域呈富营养状态的海域面积总体呈下降趋势，见表 2.1-6、图 2.1-30 和图 2.1-31。

表 2.1-6　2023 年中国管辖海域呈富营养状态的海域面积　　　　　　单位：km²

海区	轻度富营养	中度富营养	重度富营养	合计
渤海	1 480	970	850	3 300
黄海	1 480	110	0	1 590
东海	5 380	4 460	10 820	20 660
南海	1 510	770	1 130	3 410
管辖海域	9 850	6 310	12 800	28 960

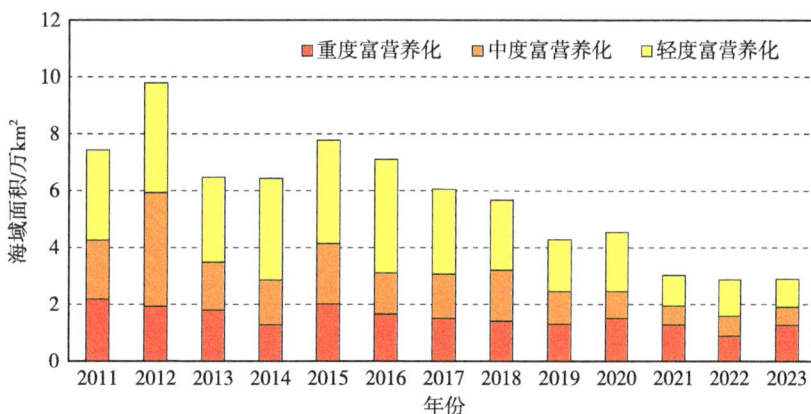

图 2.1-30　2011—2023 年中国管辖海域呈富营养状态的海域面积

图2.1-31　2023年中国管辖海域海水富营养状况分布示意图

2.2 海洋垃圾

全国开展了 28 个区域的海面漂浮垃圾监测。海上目测的漂浮垃圾平均个数为 23 个 /km²，与上年相比，平均个数下降 42 个 /km²；表层水体拖网监测的漂浮垃圾平均个数为 3 719 个 /km²，与上年相比，平均个数上升 860 个 /km²；海滩垃圾平均个数为 46 311 个 /km²，与上年相比，平均个数下降 8 461 个 /km²；海底垃圾平均个数为 1 201 个 /km²，与上年相比，平均个数下降 1 746 个 /km²。

海面漂浮垃圾、海滩垃圾、海底垃圾中塑料垃圾占比变化在 75%～90%，海面漂浮塑料垃圾占比相对高于海滩和海底的塑料垃圾。海面漂浮塑料垃圾中以泡沫占比最高，为 46.9%，其次为塑料绳，占 11.6%；海滩塑料垃圾中以香烟过滤嘴占比最高，为 27.1%，其次为泡沫，占 12.2%；海底塑料垃圾中以塑料绳占比最高，为 27.1%，其次为包装袋，占 26.9%。

2.2.1 海面漂浮垃圾

海上目测漂浮垃圾（直径≥2.5 cm）监测结果为 0～245 个 /km²，平均个数为 23 个 /km²。海上目测漂浮垃圾以塑料类垃圾数量最多，占 89.7%，其次为木制品类和纸制品类，分别占 3.1% 和 2.7%。塑料类垃圾主要为泡沫、塑料瓶和塑料袋等。有 14 个区域未监测到大块（2.5 cm≤直径＜1 m）和特大块（直径≥1 m）垃圾，占比 50%，较 2022 年上升 18%。闽江口、惠州大亚湾、北海侨港较 2022 年有所上升，见图 2.2-1。

2019—2023 年，全国目测漂浮垃圾平均个数总体呈现波动变化趋势，2023 年较上年下降了 42 个 /km²。

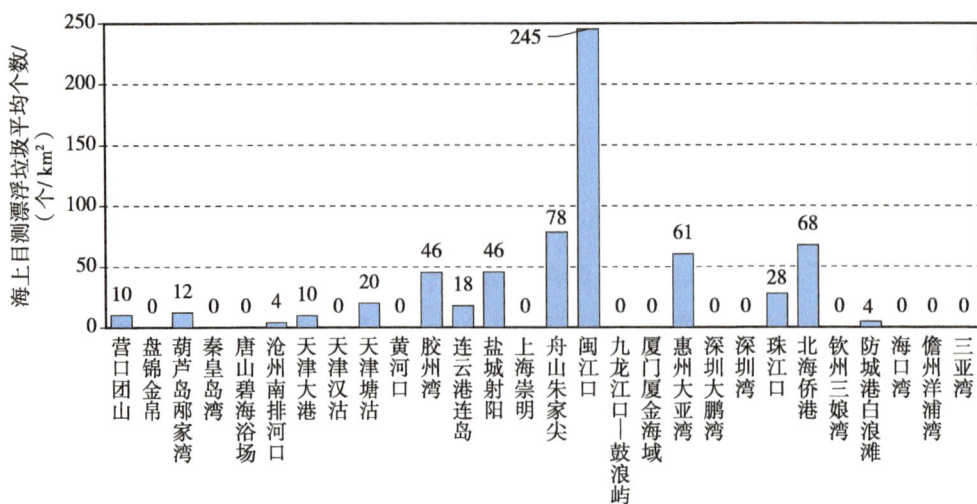

图 2.2-1　2023 年各监测区域海上目测漂浮垃圾平均个数

　　表层水体拖网监测漂浮垃圾（直径≥0.5 cm）监测结果为 0～41 589 个 /km²（密度为 0～426.9 kg/km²），平均个数为 3 719 个 /km²（平均密度为 16.9 kg/km²）。表层水体拖网监测漂浮垃圾以塑料类垃圾数量最多，占 89.9%，其次为木制品类和纸制品类，分别占 4.9% 和 3.2%。塑料类垃圾主要为泡沫、塑料绳、渔网和塑料碎片等。有 10 个区域较 2022 年有所上升，分别为营口团山、葫芦岛邴家湾、唐山碧海浴场、天津大港、天津塘沽、连云港连岛、舟山朱家尖、珠江口、北海侨港、钦州三娘湾，见图 2.2-2。

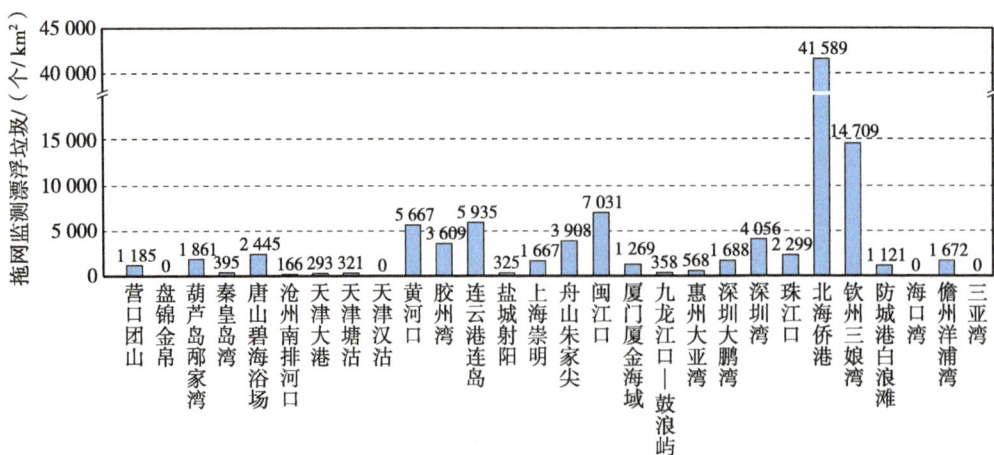

图 2.2-2　2023 年各监测区域拖网监测漂浮垃圾平均个数

　　2019—2023 年，全国目测漂浮垃圾平均个数总体呈现波动变化趋势，2023 年较上年上升了 860 个 /km²。

2.2.2 海滩垃圾

全国各区域海滩垃圾（直径≥2.5 cm）的监测结果为 286～360 453 个 /km²（密度为 1.0～4 097 千克 /km²），平均个数为 46 311 个 /km²（平均密度为 387 kg/km²）。海滩垃圾中以塑料类垃圾数量最多，占 79.1%，其次为纸制品类和织物（布）类，分别占 9.2% 和 2.8%。塑料类垃圾主要为香烟过滤嘴、泡沫、塑料碎片、瓶盖、包装类塑料制品、塑料袋、塑料瓶等。开展海滩垃圾监测的 47 个区域中，有 10 个区域较 2022 年上升幅度超过 50%，分别为滨州旺子岛、东营渔业示范区、潍坊老河口、台州玉环、泉州东大垵、泉州红塔湾、惠州三门岛、广州天后宫、湛江天成台、儋州洋浦湾，见图 2.2-3。

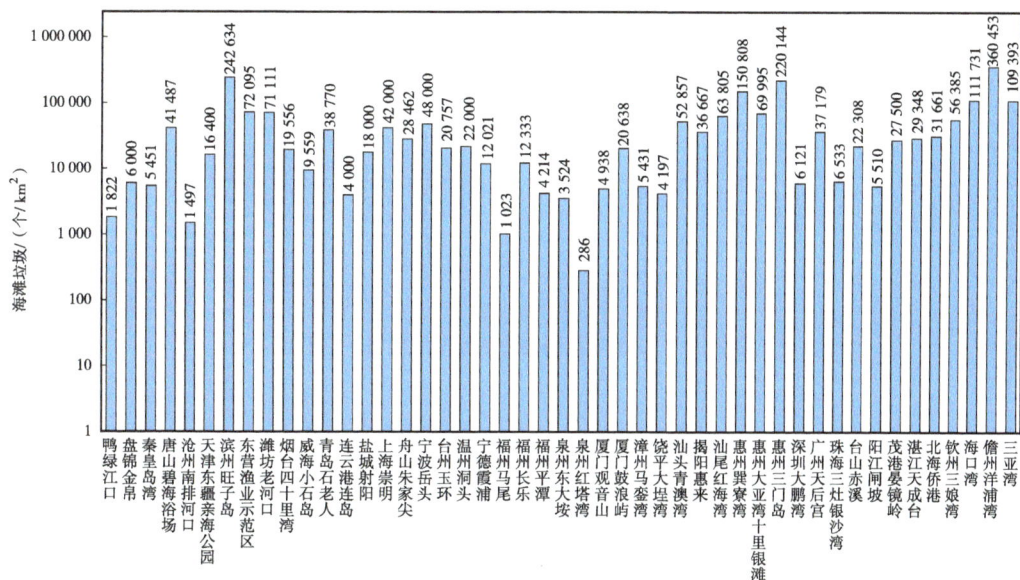

图 2.2-3　2023 年各监测区域海滩垃圾平均个数

2019—2023 年，全国监测结果总体呈现下降趋势。2023 年较上年下降了 8 461 个 /km²。

2.2.3 海底垃圾

全国共开展了 8 个区域的海底垃圾监测，各区域海底垃圾（直径≥2.5 cm）的监测结果为 206～5 000 个 /km²（密度 0.09～353.6 kg/km²），平均个数为 1 201 个 /km²（平均密度 50.3 kg/km²）。海底垃圾中以塑料类垃圾数量最多，占 75.4%，其次为木制品类和金属类，分别占 13.0% 和 7.2%。塑料类垃圾主要为塑料绳、包装袋、塑料薄膜等，见图 2.2-4～图 2.2-6。

2019—2023 年，监测结果呈现下降趋势。2023 年较上年下降了 1 746 个 /km²。

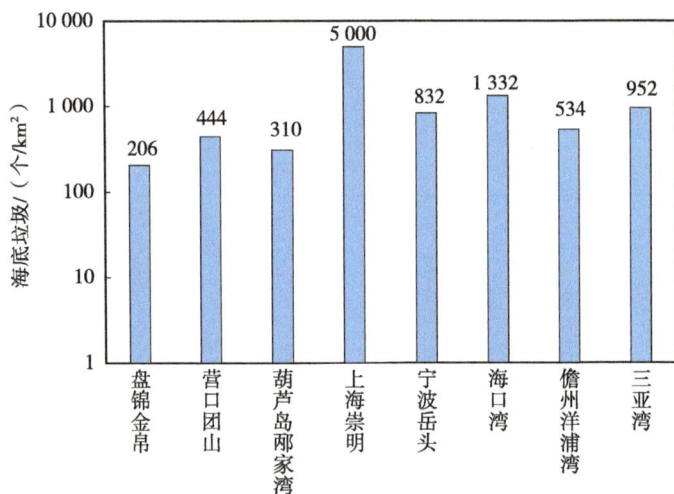

图 2.2-4　2023 年各监测区域海底垃圾平均个数

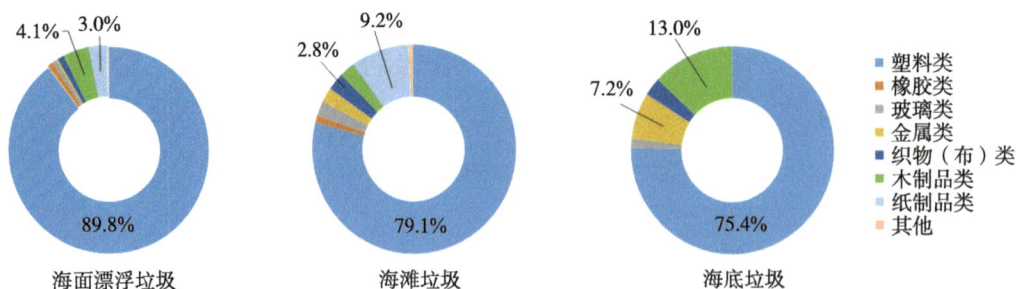

图 2.2-5　2023 年监测区域海洋垃圾主要类型

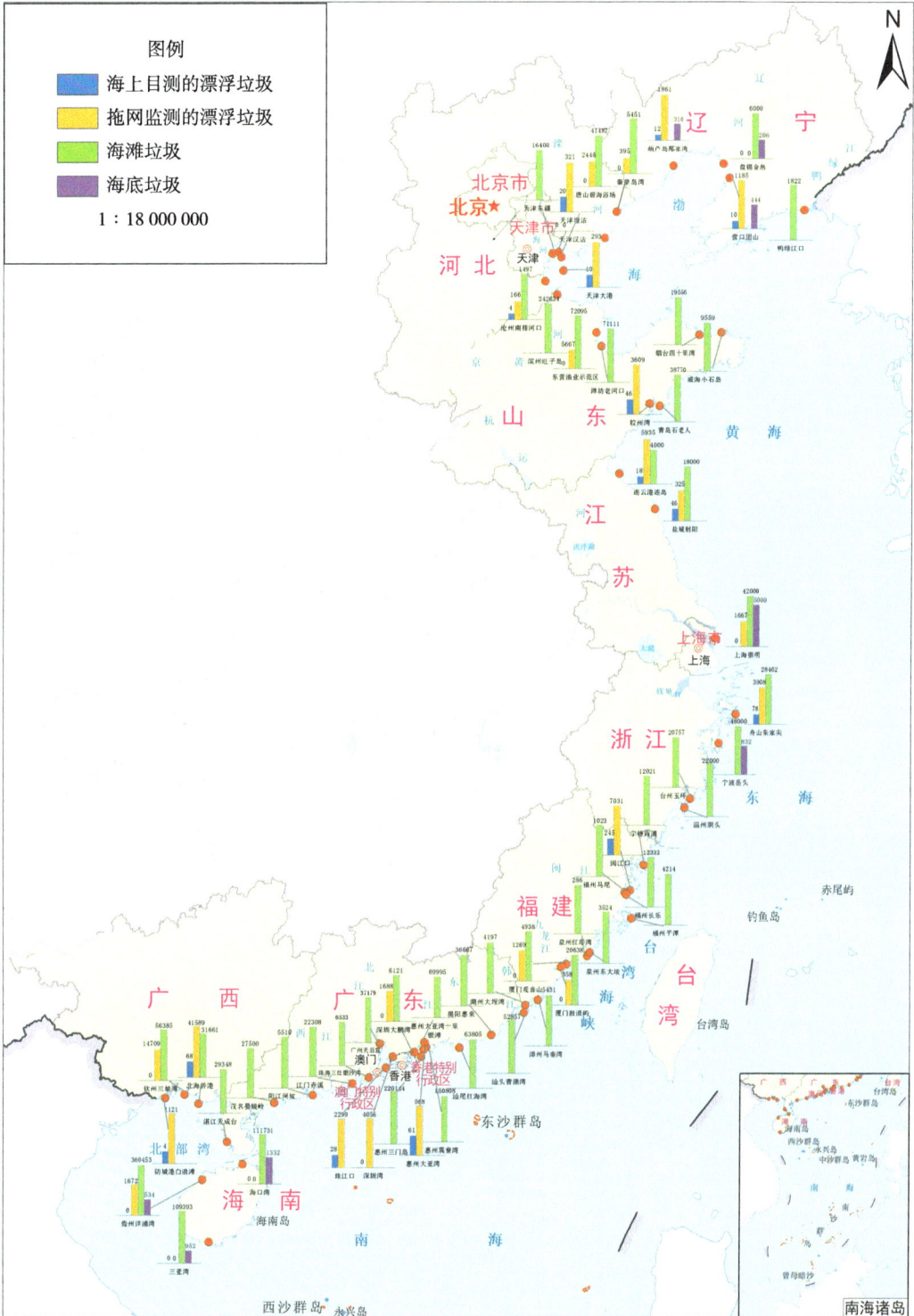

注：海洋垃圾数量（个/km²）柱状图以数量密度的对数值（$\log_{10}$）表示，"0"表示监测区域未监测到海洋垃圾。

图 2.2-6　2023 年监测区域海洋垃圾数量分布示意图

03 海洋
生态质量

HAIYANG
SHENGTAI ZHILIANG

3.1 海洋生态系统健康状况

　　2023 年，对 24 个典型海洋生态系统开展健康状况评价，其中，7 个呈健康状态，17 个呈亚健康状态，无不健康状态，健康状况同比无变化。2019—2023 年，开展监测评价的典型海洋生态系统整体健康状况稳中向好[①]，呈健康状态的生态系统稳步增多，占比由 16.7% 上升至 29.2%；呈亚健康状态的生态系统持续减少，占比由 77.8% 下降至 70.8%；自 2021 年起无不健康状态的生态系统，见图 3.1-1～图 3.1-3。

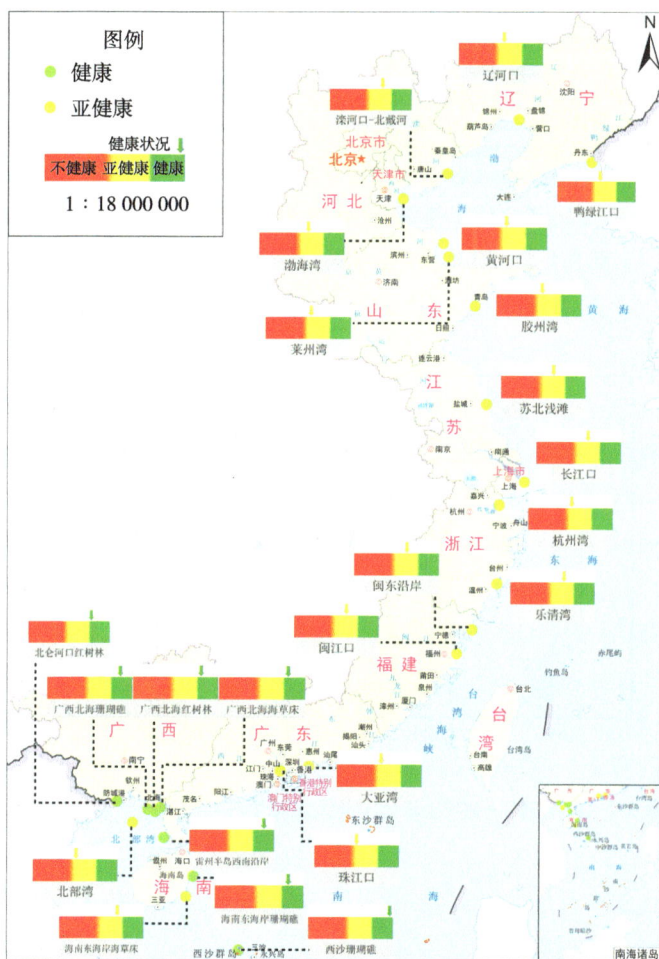

图 3.1-1　2023 年典型海洋生态系统健康状况

---

　　①　2019 年仅开展 18 个典型海洋生态系统健康状况监测评价，包括 7 个河口生态系统、6 个海湾生态系统、1 个滩涂湿地生态系统、1 个红树林生态系统、2 个珊瑚礁生态系统和 1 个海草床生态系统。

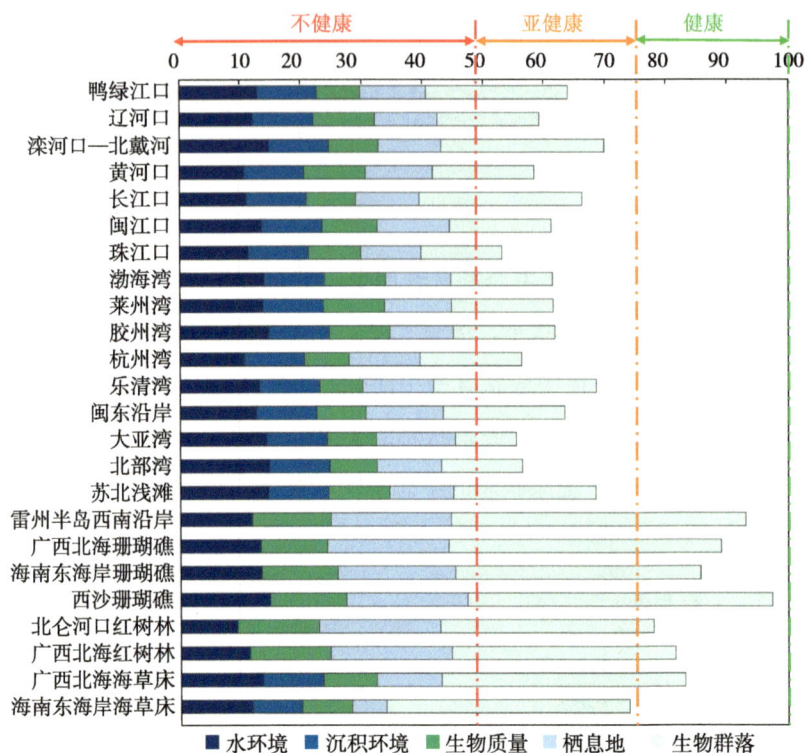

图 3.1-2　2023 年典型海洋生态系统健康分项得分状况

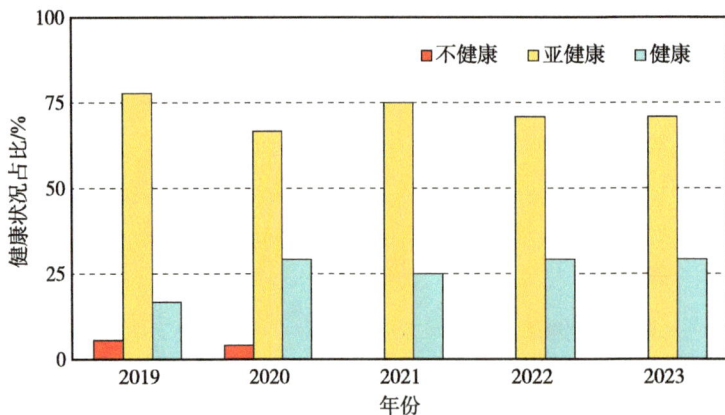

图 3.1-3　2019—2023 年全国典型海洋生态系统健康状况变化趋势

3.1.1　河口生态系统

2023 年，监测的 7 个河口生态系统均呈亚健康状态，生态健康指数平均为 62.4，范围在 53.3～73.3，其中，滦河口—北戴河生态系统最高，珠江口生态系统最低。生态系统健康状况同比无变化，生态健康指数同比下降 1.1，其中，长江口上升最多，上升 7.5，黄河口下降最多，下降 9.0，见表 3.1-1。

表 3.1-1　2022 年和 2023 年河口生态系统健康状况变化情况

生态系统名称	年份	健康状况	生态健康指数
鸭绿江口	2023 年	亚健康	64.1
	2022 年	亚健康	70.1
	同比	不变	↓ 6.0
辽河口	2023 年	亚健康	59.4
	2022 年	亚健康	63.4
	同比	不变	↓ 4.0
滦河口—北戴河	2023 年	亚健康	73.3
	2022 年	亚健康	73.8
	同比	不变	↓ 0.5
黄河口	2023 年	亚健康	58.6
	2022 年	亚健康	67.6
	同比	不变	↓ 9.0
长江口	2023 年	亚健康	66.4
	2022 年	亚健康	58.9
	同比	不变	↑ 7.5
闽江口	2023 年	亚健康	61.4
	2022 年	亚健康	58.1
	同比	不变	↑ 3.3
珠江口	2023 年	亚健康	53.3
	2022 年	亚健康	52.7
	同比	不变	↑ 0.6
河口生态系统	2023 年	7 个亚健康	62.4
	2022 年	7 个亚健康	63.5
	同比	不变	↓ 1.1

2012—2023 年，河口生态系统均呈亚健康状态，自 2004 年开展监测以来，黄河口、长江口和珠江口等河口生态系统健康状况从不健康状态转为亚健康状态，河口生态系统状况整体呈好转趋势。2023 年，部分河口生态系统海水呈富营养化状态，多数

河口浮游植物密度和浮游动物生物量高于正常范围，鱼卵和仔稚鱼密度过低，大型底栖动物密度高于正常范围。

3.1.1.1 鸭绿江口生态系统

2023 年，鸭绿江口生态系统生态健康指数为 64.1，呈亚健康状态，见表 3.1-2 和图 3.1-4～图 3.1-7。

水环境：溶解氧浓度为 7.5 mg/L，pH 为 7.70，活性磷酸盐浓度为 0.011 mg/L，无机氮浓度为 0.487 mg/L，石油类浓度低于 0.001 mg/L。水环境得分为 13.0 分，处于健康状态。

沉积环境：有机碳含量为 0.14×10^{-2}，硫化物含量为 39.5×10^{-6}。沉积环境得分为 9.9 分，处于健康状态。

生物质量：汞、镉、铅、砷、石油烃含量分别为 0.007 mg/kg、0.96 mg/kg、0.17 mg/kg、1.40 mg/kg、4.88 mg/kg。生物质量得分为 7.0 分，环境未受到污染。

栖息地：5 年内滨海湿地生境变化基本稳定，沉积物砾、砂、粉砂、黏土含量分别为 0.0%、83.8%、11.8%、4.4%，主要组分年度变化为 17.2%。栖息地得分为 10.9 分，处于亚健康状态。

生物群落：鉴定出浮游植物 63 种，硅藻占 74.6%，甲藻占 23.8%，浮游植物密度为 865.65×10^4 个 $/m^3$，主要优势种为佛氏海线藻和旋链角毛藻，多样性指数 1.59；浮游动物 34 种，节肢动物占 46.9%，浮游幼虫占 38.1%，中、小型浮游动物密度为 11 513 个 $/m^3$，大型浮游动物密度为 349 个 $/m^3$，主要优势种为强壮滨箭虫和细颈和平水母，生物量为 258.0 mg/m^3，多样性指数 3.04；大型底栖动物 82 种，环节动物占 50%，节肢动物占 28%，主要优势种为东方长眼虾和长锥虫，底栖动物密度为 271 个 $/m^2$，底栖动物生物量为 96.6 g/m^2，多样性指数 2.65；鱼卵及仔鱼密度为 1.80 个 $/m^3$。生物群落得分为 23.3 分，处于不健康状态。

表 3.1-2　2023 年鸭绿江口生态系统监测评价结果

序号	项目	指标	监测结果	得分
1	水环境	溶解氧 /（mg/L）	7.5	13.0
2		pH	7.70	
3		活性磷酸盐 /（mg/L）	0.011	
4		无机氮 /（mg/L）	0.487	
5		石油类 /（mg/L）	0.001 L	

序号	项目	指标	监测结果	得分
6	沉积环境	有机碳含量 /×10⁻²	0.14	9.9
7		硫化物含量 /×10⁻⁶	39.5	
8	生物质量	汞 /（mg/kg）	0.007	7.0
9		镉 /（mg/kg）	0.96	
10		铅 /（mg/kg）	0.17	
11		砷 /（mg/kg）	1.40	
12		石油烃 /（mg/kg）	4.88	
13	栖息地	5 年内滨海湿地生境减少 /%	<5.0	10.9
14		沉积物主要组分含量年度变化 /%	17.2	
15	生物群落	浮游植物密度 /（个 /m³）	865.65×10⁴	23.3
16		大型浮游动物密度 /（个 /m³）	349	
17		中、小型浮游动物密度 /（个 /m³）	11 513	
18		浮游动物生物量 /（mg/m³）	258.0	
19		鱼卵及仔鱼密度 /（个 /m³）	1.80	
20		底栖动物密度 /（个 /m²）	271	
21		底栖动物生物量 /（g/m²）	96.6	
		生态健康指数		64.1

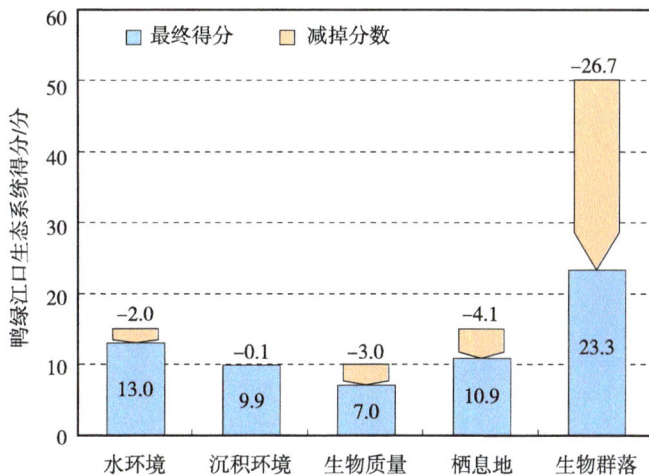

图 3.1-4　2023 年鸭绿江口生态系统监测结果得分情况

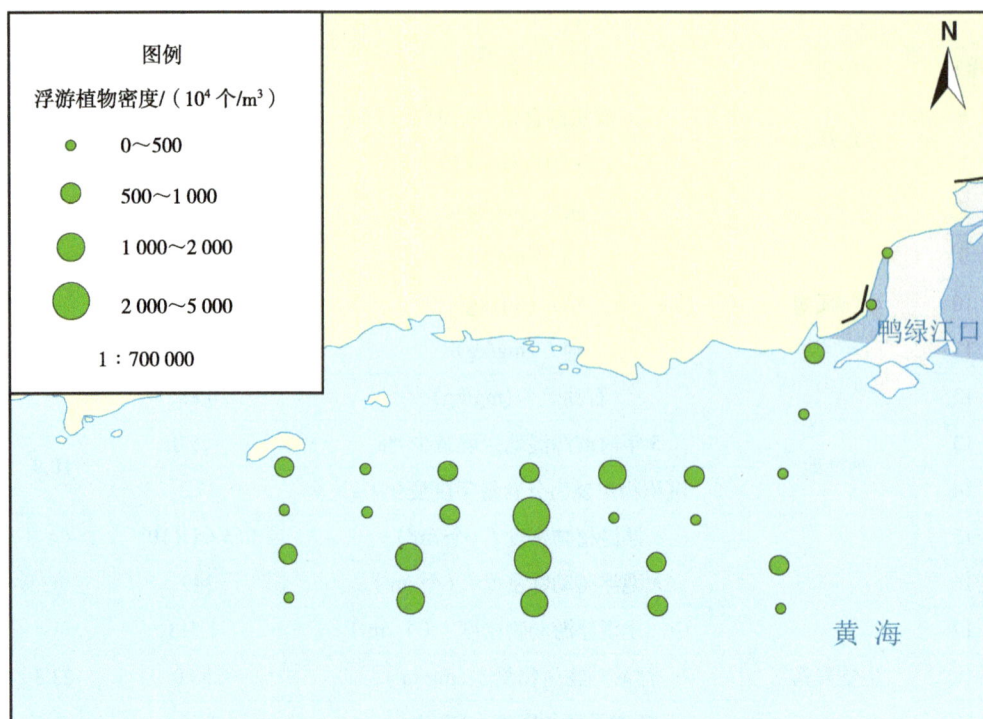

图 3.1-5　2023 年鸭绿江口生态系统浮游植物密度空间分布

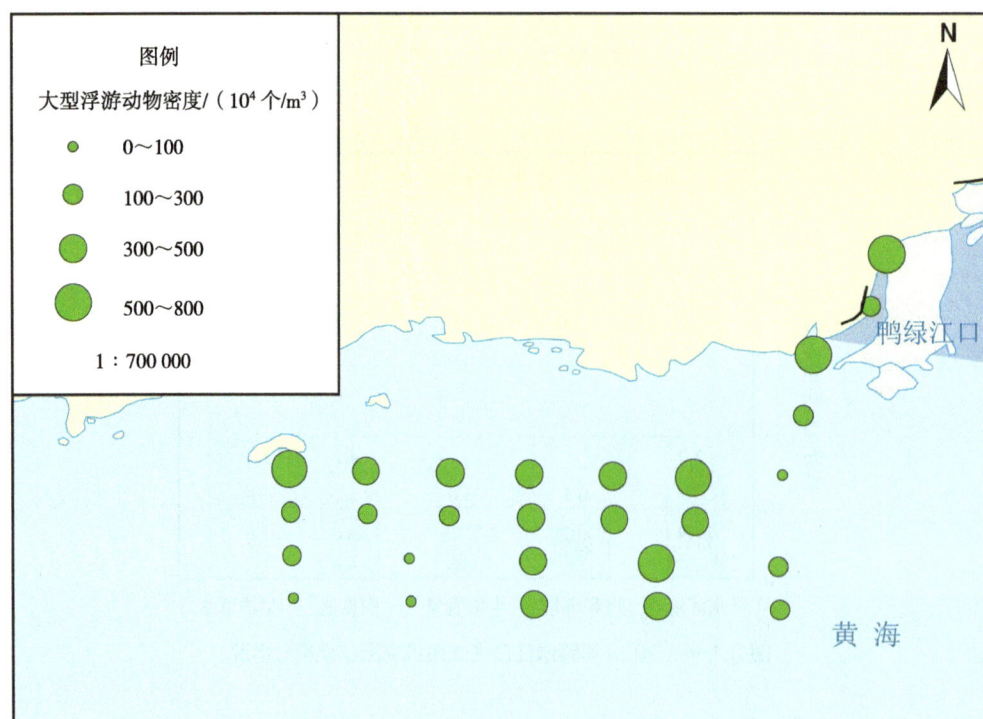

图 3.1-6　2023 年鸭绿江口生态系统大型浮游动物密度空间分布

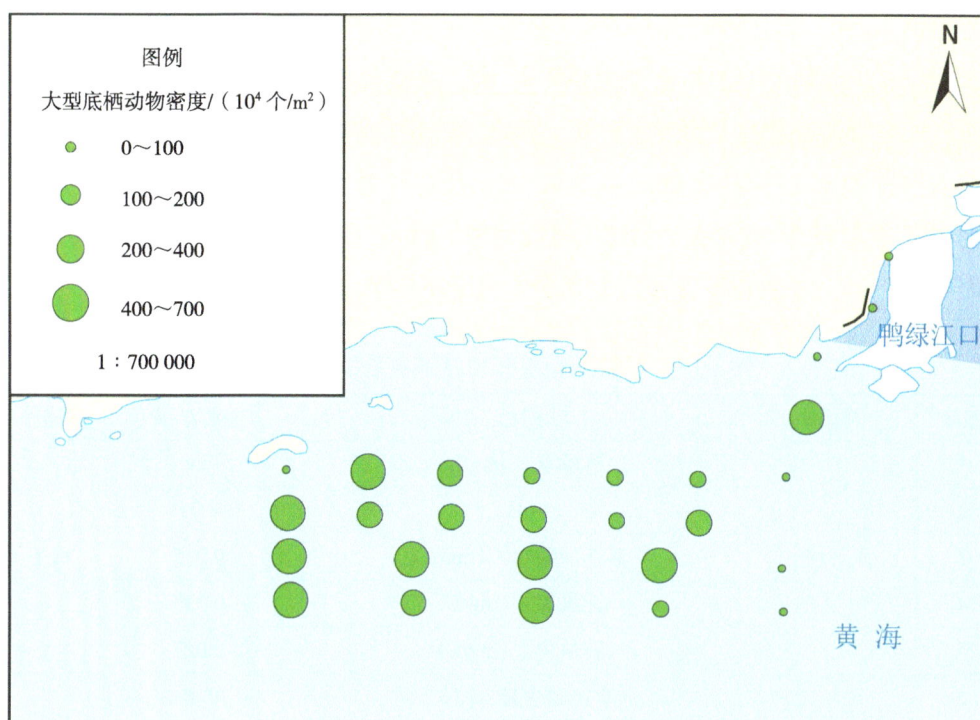

图 3.1-7　2023 年鸭绿江口生态系统大型底栖动物密度空间分布

3.1.1.2　辽河口生态系统

2023 年，辽河口生态系统生态健康指数为 59.4，呈亚健康状态，见表 3.1-3 和图 3.1-8～图 3.1-11。

水环境：溶解氧浓度为 7.4 mg/L，pH 为 8.09，活性磷酸盐浓度为 0.015 mg/L，无机氮浓度为 0.735 mg/L，石油类浓度为 0.027 mg/L。水环境得分为 12.3 分，处于健康状态。

沉积环境：有机碳含量为 0.45×10^{-2}，硫化物含量为 43.7×10^{-6}。沉积环境得分为 10.0 分，处于健康状态。

生物质量：汞、镉、铅、砷、石油烃含量分别为 0.025 mg/kg、0.08 mg/kg、0.06 mg/kg、0.56 mg/kg、6.74 mg/kg。生物质量得分为 10.0 分，环境未受到污染。

栖息地：5 年内滨海湿地生境变化基本稳定，沉积物各组分砾、砂、粉砂、黏土含量分别为 0.1%、26.0%、52.0%、21.8%，主要组分含量年度变化为 8.3%。栖息地得分为 10.4 分，处于亚健康状态。

生物群落：鉴定出浮游植物 84 种，硅藻占 83.3%，甲藻占 15.2%，浮游植物密度为 628.46×10^4 个 $/m^3$，主要优势种为旋链角毛藻和短角弯角藻，多样性指数为 2.54；

浮游动物 53 种，节肢动物占 50.6%，浮游幼虫占 29.9%，中、小型浮游动物密度为 1 155 个 /m³，大型浮游动物密度为 898 个 /m³，主要优势种为强壮滨箭虫和背针胸刺水蚤，大型浮游动物生物量为 553.0 mg/m³，多样性指数 2.15；大型底栖动物 46 种，环节动物占 23.9%，软体动物占 41.3%，主要优势种为光滑河篮蛤和耳口露齿螺，底栖动物密度为 45 个 /m²，底栖动物生物量为 31.1 g/m²，多样性指数 2.04；鱼卵及仔鱼密度为 0.76 个 /m³。生物群落得分为 16.7 分，处于不健康状态。

表 3.1-3　2023 年辽河口生态系统监测评价结果

序号	项目	指标	监测结果	得分
1	水环境	溶解氧 /（mg/L）	7.4	12.3
2		pH	8.09	
3		活性磷酸盐 /（mg/L）	0.015	
4		无机氮 /（mg/L）	0.735	
5		石油类 /（mg/L）	0.027	
6	沉积环境	有机碳含量 /$\times 10^{-2}$	0.45	10.0
7		硫化物含量 /$\times 10^{-6}$	43.7	
8	生物质量	汞 /（mg/kg）	0.025	10.0
9		镉 /（mg/kg）	0.08	
10		铅 /（mg/kg）	0.06	
11		砷 /（mg/kg）	0.56	
12		石油烃 /（mg/kg）	6.74	
13	栖息地	5 年内滨海湿地生境减少 /%	＜5.0	10.4
14		沉积物主要组分含量年度变化 /%	8.3	
15	生物群落	浮游植物密度 /（个 /m³）	628.46×10^{4}	16.7
16		大型浮游动物密度 /（个 /m³）	898	
17		中、小型浮游动物密度 /（个 /m³）	1 155	
18		大型浮游动物生物量 /（mg/m³）	553.0	
19		鱼卵及仔鱼密度 /（个 /m³）	0.76	
20		底栖动物密度 /（个 /m²）	45	
21		底栖动物生物量 /（g/m²）	31.1	
		生态健康指数		59.4

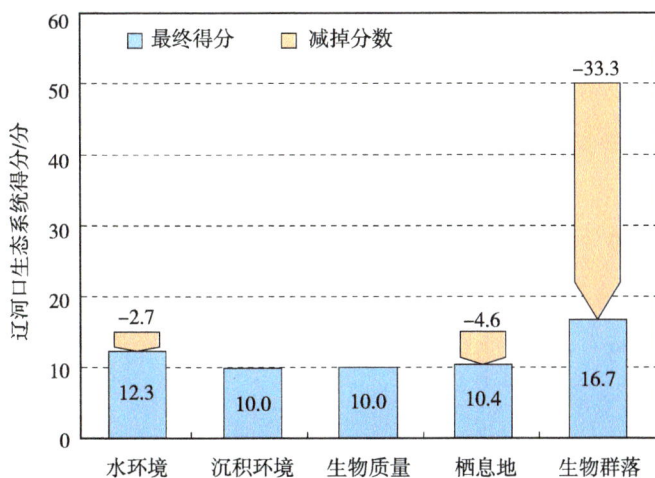

图 3.1-8　2023 年辽河口生态系统监测结果得分情况

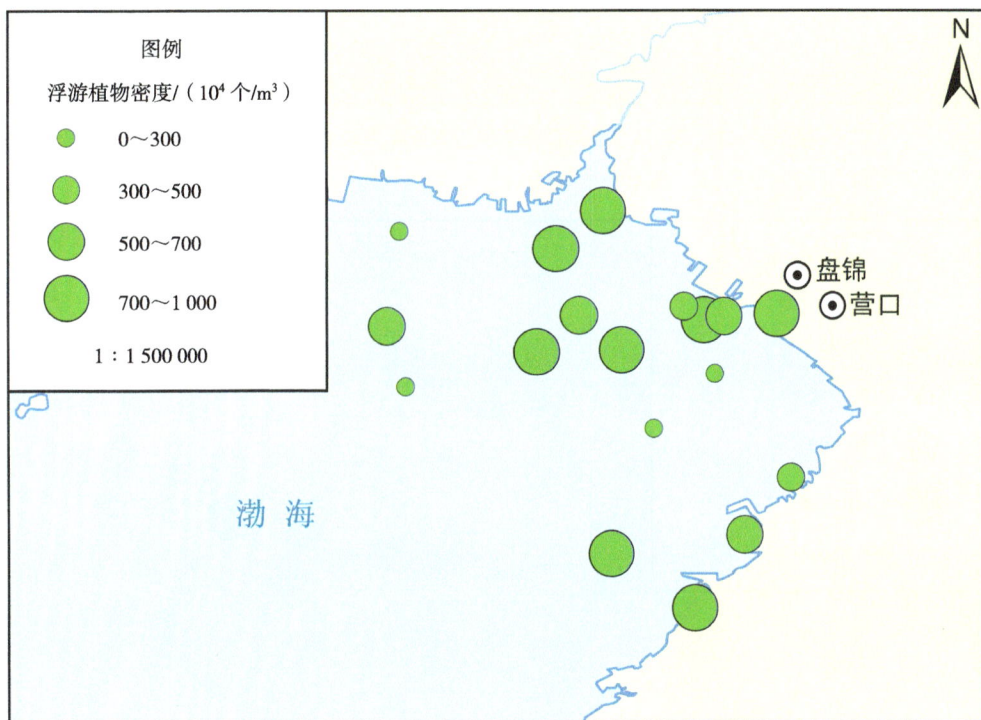

图 3.1-9　2023 年辽河口生态系统浮游植物密度空间分布

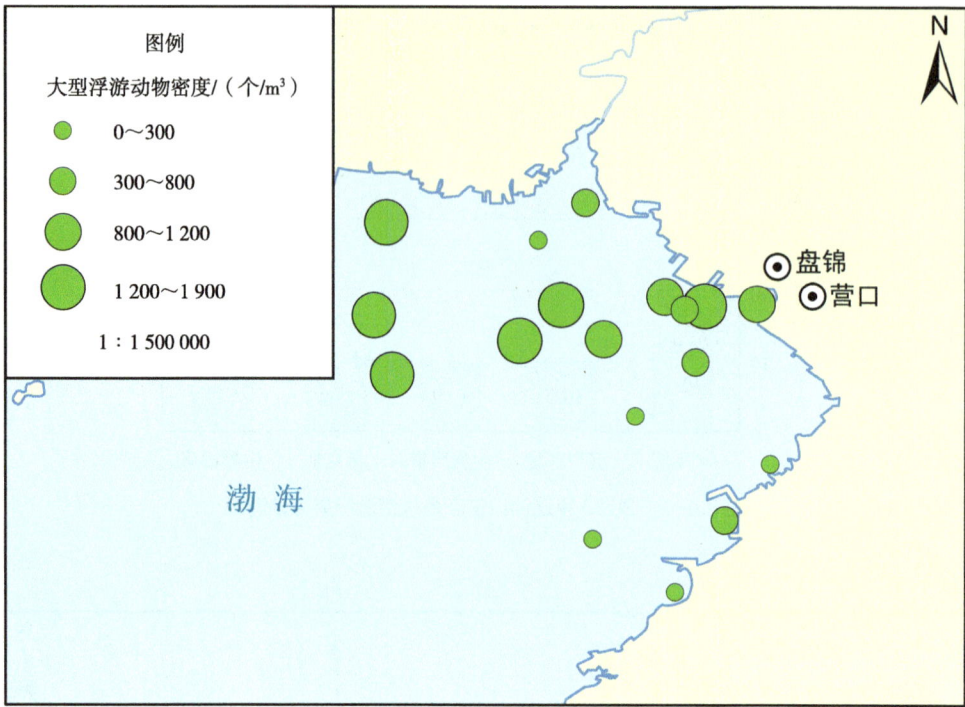

图 3.1-10　2023 年辽河口生态系统大型浮游动物密度空间分布

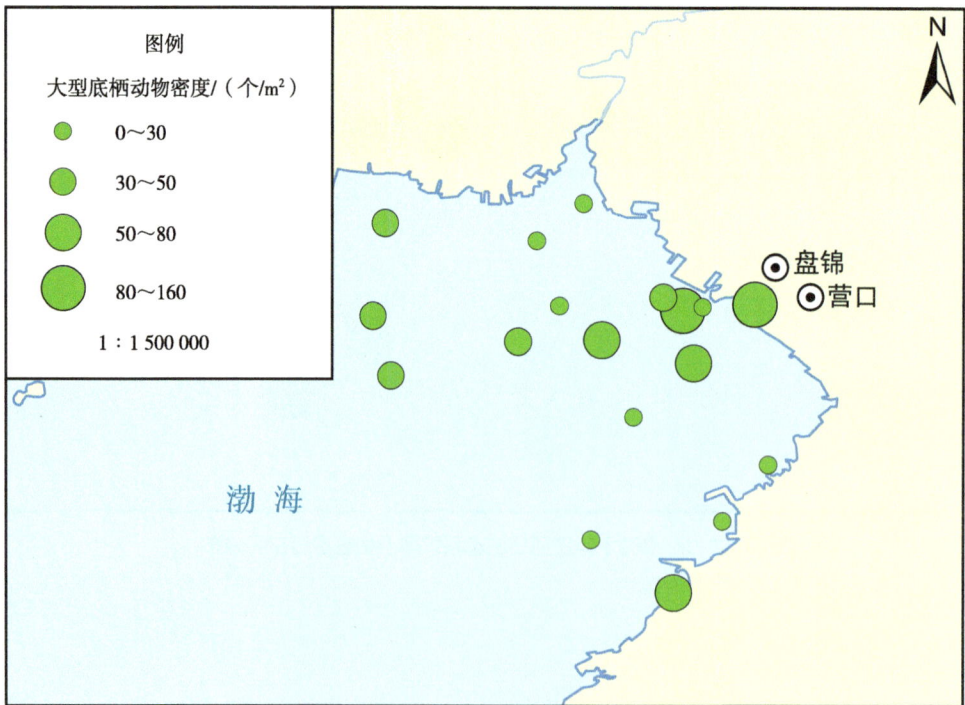

图 3.1-11　2023 年辽河口生态系统大型底栖动物密度空间分布

3.1.1.3 滦河口—北戴河生态系统

2023 年，滦河口—北戴河生态系统生态健康指数为 73.3，呈亚健康状态，见表 3.1-4 和图 3.1-12～图 3.1-15。

水环境：溶解氧浓度为 6.5 mg/L，pH 为 8.04，活性磷酸盐浓度为 0.008 mg/L，无机氮浓度为 0.053 mg/L，石油类浓度为 0.001 mg/L。水环境得分为 14.9 分，处于健康状态。

沉积环境：有机碳含量为 0.27×10^{-2}，硫化物含量为 50.7×10^{-6}。沉积环境得分为 9.9 分，处于健康状态。

生物质量：汞、铅、砷、石油烃含量分别为 0.023 mg/kg、0.20 mg/kg、0.95 mg/kg、7.81 mg/kg。生物质量得分为 8.1 分，环境未受到污染。

栖息地：5 年内滨海湿地栖息地面积变化基本稳定，沉积物各组分砾、砂、粉砂、黏土含量分别为 0.0%、75.4%、17.8%、6.8%，主要组分含量年度变化为 3.7%。栖息地得分为 10.4 分，处于亚健康状态。

生物群落：鉴定出浮游植物 58 种，硅藻占 89.7%，甲藻占 8.6%，浮游植物密度为 209.97×10^4 个 /m³，主要优势种为短角弯角藻和中肋骨条藻，多样性指数 2.32；浮游动物 39 种，节肢动物占 26.1%，浮游幼虫占 35.9%，中、小型浮游动物密度为 2 193 个 /m³，大型浮游动物密度为 96 个 /m³，主要优势种为强壮滨箭虫和小拟哲水蚤，大型浮游动物生物量为 23.0 mg/m³，多样性指数 2.45；大型底栖动物 104 种，环节动物占 51.2%，节肢动物占 24.1%，主要优势种为乳突半突虫和青岛文昌鱼，底栖动物密度为 483 个 /m²，底栖动物生物量为 28.6 g/m²，多样性指数 3.25；鱼卵及仔鱼密度为 0.67 个 /m³。生物群落得分为 30.0 分，处于亚健康状态。

表 3.1-4　2023 年滦河口—北戴河生态系统监测评价结果

序号	项目	指标	监测结果	得分
1	水环境	溶解氧 /（mg/L）	6.5	14.9
2		pH	8.04	
3		活性磷酸盐 /（mg/L）	0.008	
4		无机氮 /（mg/L）	0.053	
5		石油类 /（mg/L）	0.001	
6	沉积环境	有机碳含量 $/\times 10^{-2}$	0.27	9.9
7		硫化物含量 $/\times 10^{-6}$	50.7	

续表

序号	项目	指标	监测结果	得分
8	生物质量	汞 / (mg/kg)	0.023	8.1
9		铅 / (mg/kg)	0.20	
10		砷 / (mg/kg)	0.95	
11		石油烃 / (mg/kg)	7.81	
12	栖息地	5 年内滨海湿地生境减少 /%	<5.0	10.4
13		沉积物主要组分含量年度变化 /%	3.7	
14	生物群落	浮游植物密度 / (个 /m^3)	209.97×10^4	30.0
15		大型浮游动物密度 / (个 /m^3)	96	
16		中、小型浮游动物密度 / (个 /m^3)	2 193	
17		大型浮游动物生物量 / (mg/m^3)	23.0	
18		鱼卵及仔鱼密度 / (个 /m^3)	0.67	
19		底栖动物密度 / (个 /m^2)	483	
20		底栖动物生物量 / (g/m^2)	28.6	
		生态健康指数		73.3

图 3.1-12　2023 年滦河口—北戴河生态系统监测结果得分情况

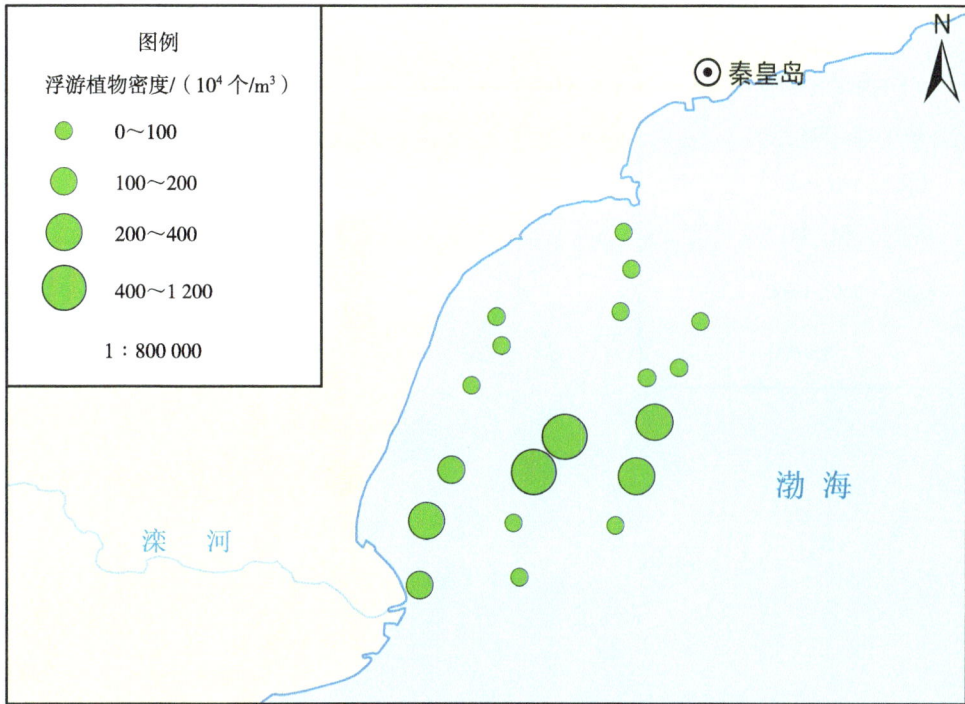

图 3.1-13　2023 年滦河口—北戴河生态系统浮游植物密度空间分布

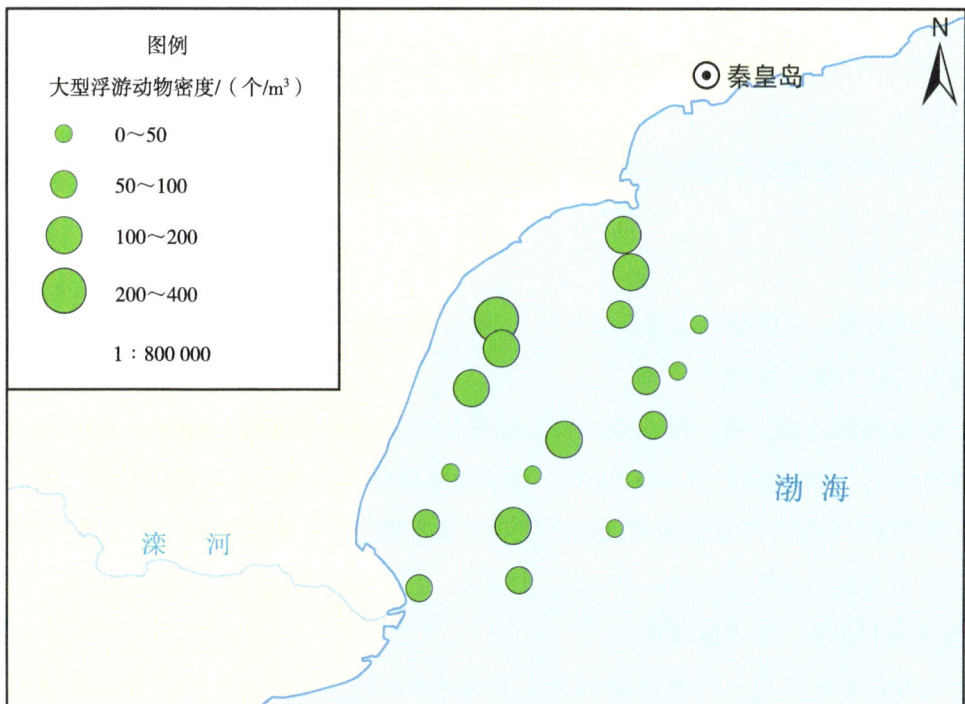

图 3.1-14　2023 年滦河口—北戴河生态系统大型浮游动物密度空间分布

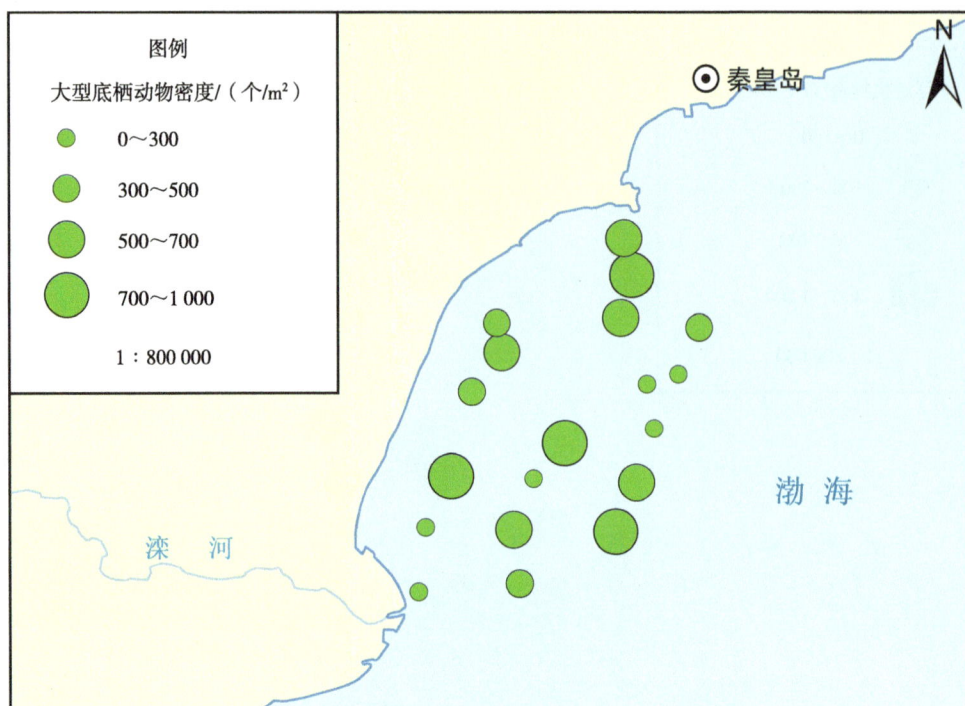

图 3.1-15　2023 年滦河口—北戴河生态系统大型底栖动物密度空间分布

3.1.1.4　黄河口生态系统

2023 年，黄河口生态系统生态健康指数为 58.6，呈亚健康状态，见表 3.1-5 和图 3.1-16～图 3.1-19。

水环境：溶解氧平均浓度为 1.5 mg/L，pH 为 5.87，活性磷酸盐浓度为 0.002 mg/L，无机氮浓度为 0.229 mg/L，石油类浓度为 0.025 mg/L。水环境得分为 10.8 分，处于亚健康状态。

沉积环境：有机碳含量为 0.45×10^{-2}，硫化物含量为 35.5×10^{-6}。沉积环境得分为 10.0 分，处于健康状态。

生物质量：汞、镉、铅、砷、石油烃平均含量分别为 0.005 mg/kg、0.11 mg/kg、0.08 mg/kg、0.04 mg/kg、12.20 mg/kg。生物质量得分为 10.0 分，环境未受到污染。

栖息地：5 年内滨海湿地栖息地面积变化基本稳定，沉积物各组分砾、砂、粉砂、黏土含量分别为 0.0%、6.1%、78.7%、15.2%，主要组分含量年度变化为 7.4%。栖息地得分为 11.1 分，处于健康状态。

生物群落：鉴定出浮游植物 51 种，硅藻占 92.2%，甲藻占 5.9%，浮游植物密度为 $1\ 074.59 \times 10^4$ 个 /m³，主要优势种为尖刺伪菱形藻和旋链角毛藻，多样性指数 2.74；

浮游动物 55 种，节肢动物占 31.3%，浮游幼虫占 36.2%，中、小型浮游动物密度为 202 042 个 /m³，大型浮游动物密度为 264 个 /m³，主要优势种为强壮滨箭虫和球形侧腕水母，大型浮游动物生物量为 745.7 mg/m³，多样性指数 2.16；大型底栖动物 113 种，环节动物占 38.9%，软体动物占 33.6%，主要优势种为寡节甘吻沙蚕和丝异须虫，底栖动物密度为 634 个 /m²，底栖动物生物量为 18.0 g/m²，多样性指数 3.80；鱼卵及仔鱼密度为 0.42 个 /m³。生物群落得分为 16.7 分，处于不健康状态。

表 3.1-5　2023 年黄河口生态系统监测评价结果

序号	项目	指标	监测结果	得分
1	水环境	溶解氧 /（mg/L）	1.5	10.8
2		pH	5.87	
3		活性磷酸盐 /（mg/L）	0.002	
4		无机氮 /（mg/L）	0.229	
5		石油类 /（mg/L）	0.025	
6	沉积环境	有机碳含量 /$\times 10^{-2}$	0.45	10.0
7		硫化物含量 /$\times 10^{-6}$	35.5	
8	生物质量	汞 /（mg/kg）	0.005	10.0
9		镉 /（mg/kg）	0.11	
10		铅 /（mg/kg）	0.08	
11		砷 /（mg/kg）	0.04	
12		石油烃 /（mg/kg）	12.20	
13	栖息地	5 年内滨海湿地生境减少 /%	<5.0	11.1
14		沉积物主要组分含量年度变化 /%	7.4	
15	生物群落	浮游植物密度 /（个 /m³）	1 074.59×10⁴	16.7
16		大型浮游动物密度 /（个 /m³）	264	
17		中、小型浮游动物密度 /（个 /m³）	202 042	
18		大型浮游动物生物量 /（mg/m³）	745.7	
19		鱼卵及仔鱼密度 /（个 /m³）	0.42	
20		底栖动物密度 /（个 /m²）	634	
21		底栖动物生物量 /（g/m²）	18.0	
生态健康指数				58.6

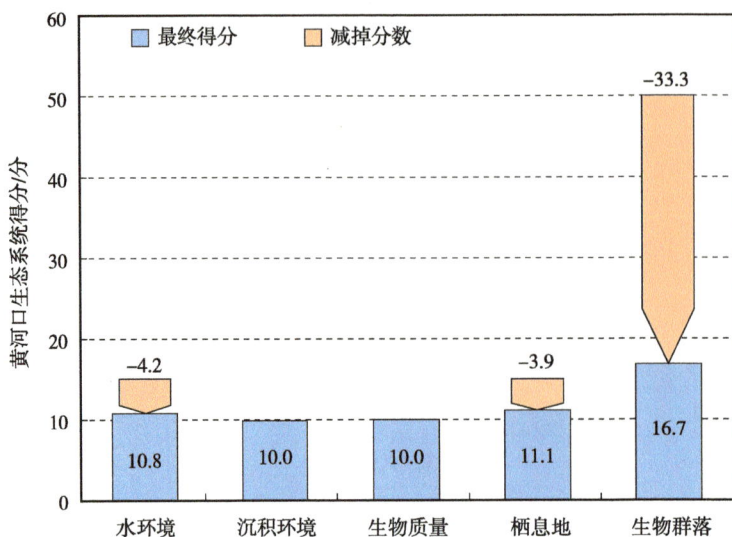

图 3.1-16　2023 年黄河口生态系统监测结果得分情况

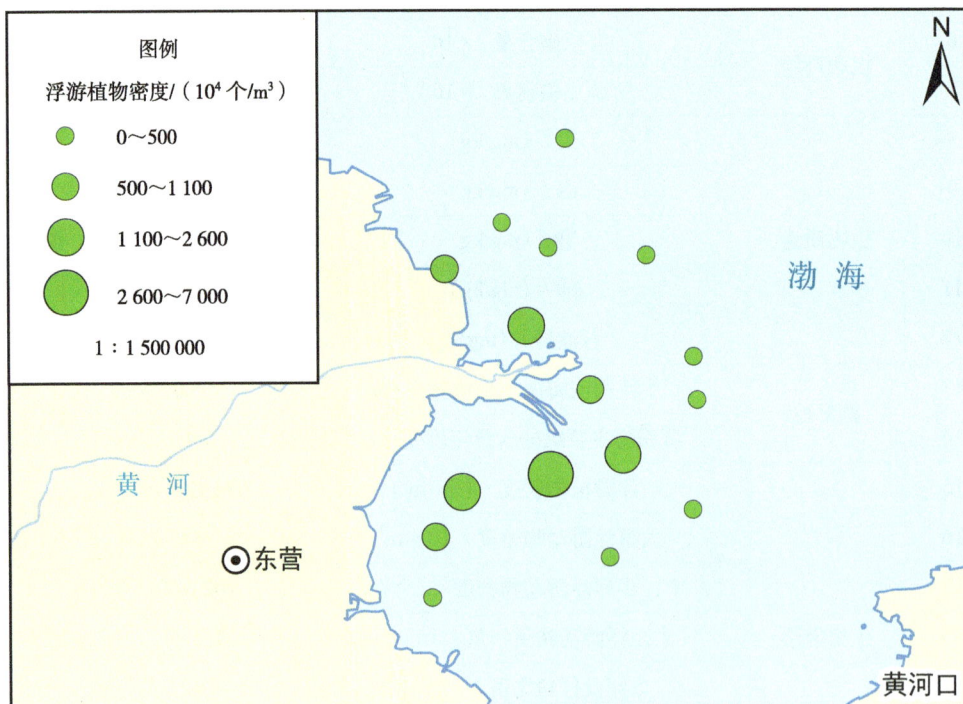

图 3.1-17　2023 年黄河口生态系统浮游植物密度空间分布

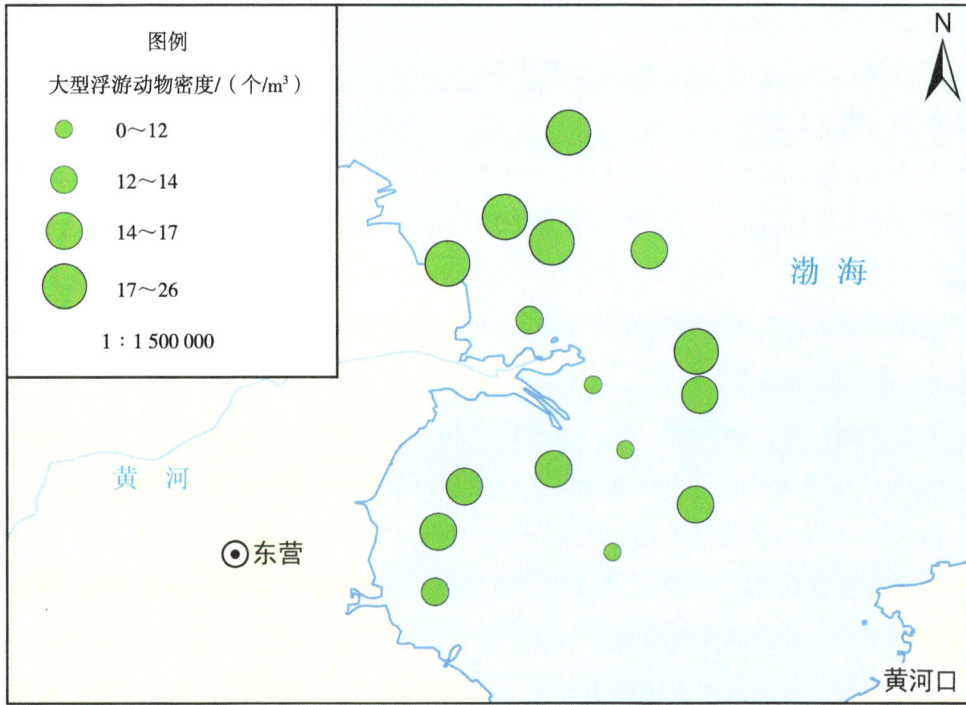

图 3.1-18　2023 年黄河口生态系统大型浮游动物密度空间分布

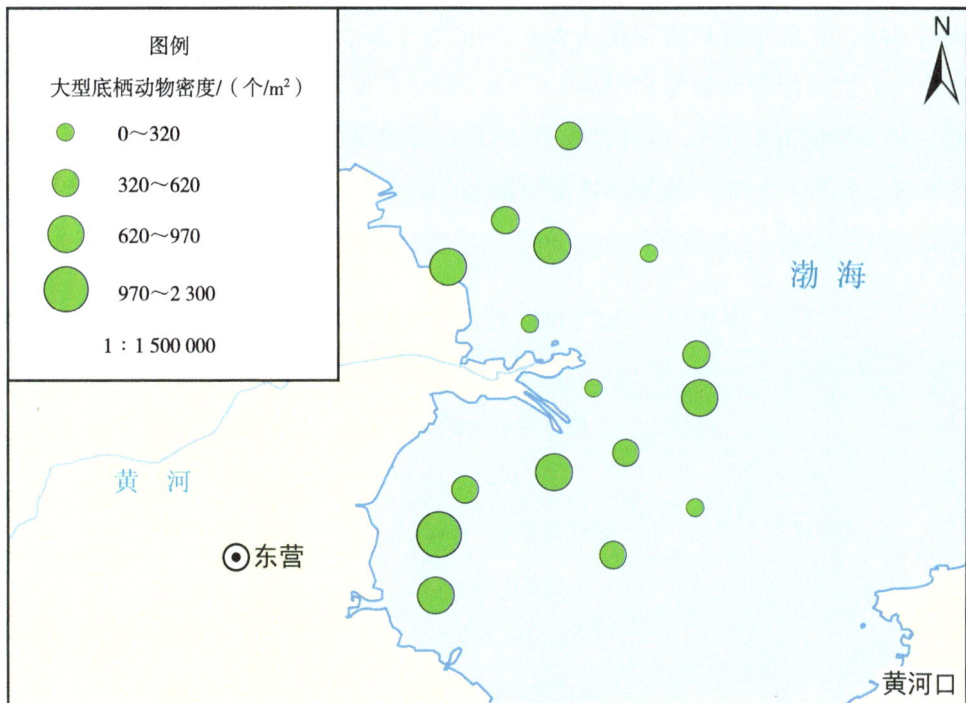

图 3.1-19　2023 年黄河口生态系统大型底栖动物密度空间分布

3.1.1.5 长江口生态系统

2023 年，长江口生态系统生态健康指数为 66.4，呈亚健康状态，见表 3.1-6 和图 3.1-20～图 3.1-23。

水环境：溶解氧浓度为 6.3 mg/L，pH 为 7.99，活性磷酸盐浓度为 0.038 mg/L，无机氮浓度为 0.911 mg/L，石油类浓度为 0.010 mg/L。水环境得分为 11.2 分，处于健康状态。

沉积环境：有机碳含量为 0.23×10^{-2}，硫化物含量为 54.3×10^{-6}。沉积环境得分为 10.0 分，处于健康状态。

生物质量：汞、镉、铅、砷、石油烃平均含量分别为 0.011 mg/kg、0.35 mg/kg、0.45 mg/kg、0.79 mg/kg、8.08 mg/kg。生物质量得分为 8.0 分，环境未受到污染。

栖息地：5 年内滨海湿地栖息地面积减少小于 5.0%，沉积物各组分砾、砂、粉砂、黏土含量分别为 0.0%、41.5%、43.0%、15.5%，主要组分年度变化为 32.9%。栖息地得分为 10.5 分，处于亚健康状态。

生物群落：鉴定出浮游植物 105 种，硅藻占 66.7%，甲藻占 22.9%，浮游植物密度为 298.44×10^4 个 $/m^3$，主要优势种为中肋骨条藻和短角弯角藻，多样性指数 1.60；浮游动物 98 种，节肢动物占 45.3%，浮游幼虫占 23.3%，中、小型浮游动物密度为 5 891 个 $/m^3$，大型浮游动物密度为 551 个 $/m^3$，主要优势种为太平洋纺锤水蚤和中华哲水蚤，大型浮游动物生物量为 1 077.4 mg/m^3，多样性指数 2.95；大型底栖动物 74 种，环节动物占 47.3%，软体动物占 29.7%，优势种为江户明樱蛤和丝异须虫，底栖动物密度为 177 个 $/m^2$，底栖动物生物量为 6.6 g/m^2，多样性指数 2.05；鱼卵及仔鱼密度为 1.91 个 $/m^3$。生物群落得分为 26.7 分，处于亚健康状态。

表 3.1-6　2023 年长江口生态系统监测评价结果

序号	项目	指标	监测结果	得分
1	水环境	溶解氧 /（mg/L）	6.3	11.2
2		pH	7.99	
3		活性磷酸盐 /（mg/L）	0.038	
4		无机氮 /（mg/L）	0.911	
5		石油类 /（mg/L）	0.010	
6	沉积环境	有机碳含量 / $\times 10^{-2}$	0.23	10.0
7		硫化物含量 / $\times 10^{-6}$	54.3	

续表

序号	项目	指标	监测结果	得分
8	生物质量	汞 /（mg/kg）	0.011	8.0
9		镉 /（mg/kg）	0.35	
10		铅 /（mg/kg）	0.45	
11		砷 /（mg/kg）	0.79	
12		石油烃 /（mg/kg）	8.08	
13	栖息地	5 年内滨海湿地生境减少 /%	<5.0	10.5
14		沉积物主要组分含量年度变化 /%	32.9	
15	生物	浮游植物密度 /（个 /m³）	298.44×10^4	26.7
16		大型浮游动物密度 /（个 /m³）	551	
17		中、小型浮游动物密度 /（个 /m³）	5 891	
18		大型浮游动物生物量 /（mg/m³）	1 077.4	
19		鱼卵及仔鱼密度 /（个 /m³）	1.91	
20		底栖动物密度 /（个 /m²）	177	
21		底栖动物生物量 /（g/m²）	6.6	
		生态健康指数		66.4

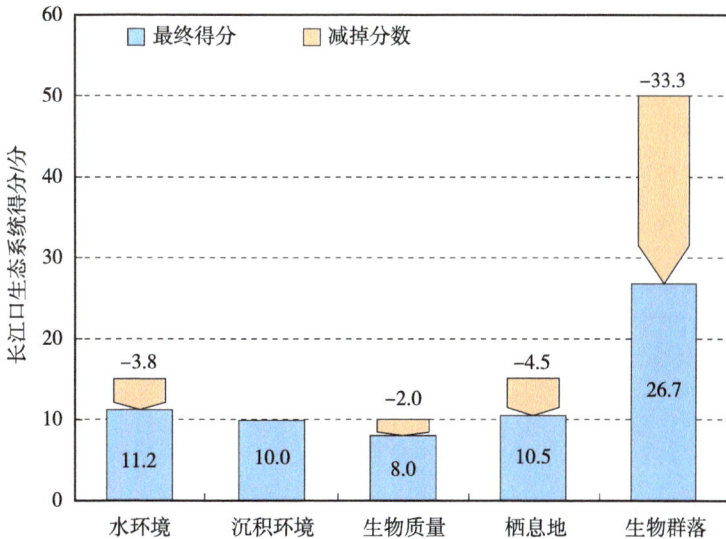

图 3.1-20　2023 年长江口生态系统监测结果得分情况

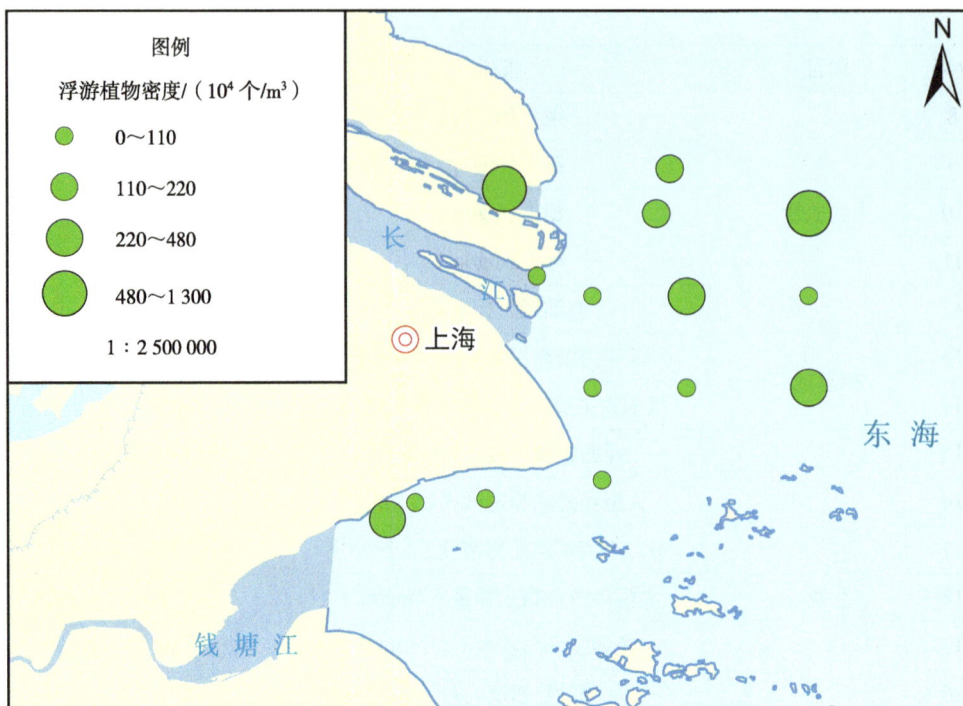

图 3.1-21 2023 年长江口生态系统浮游植物密度空间分布

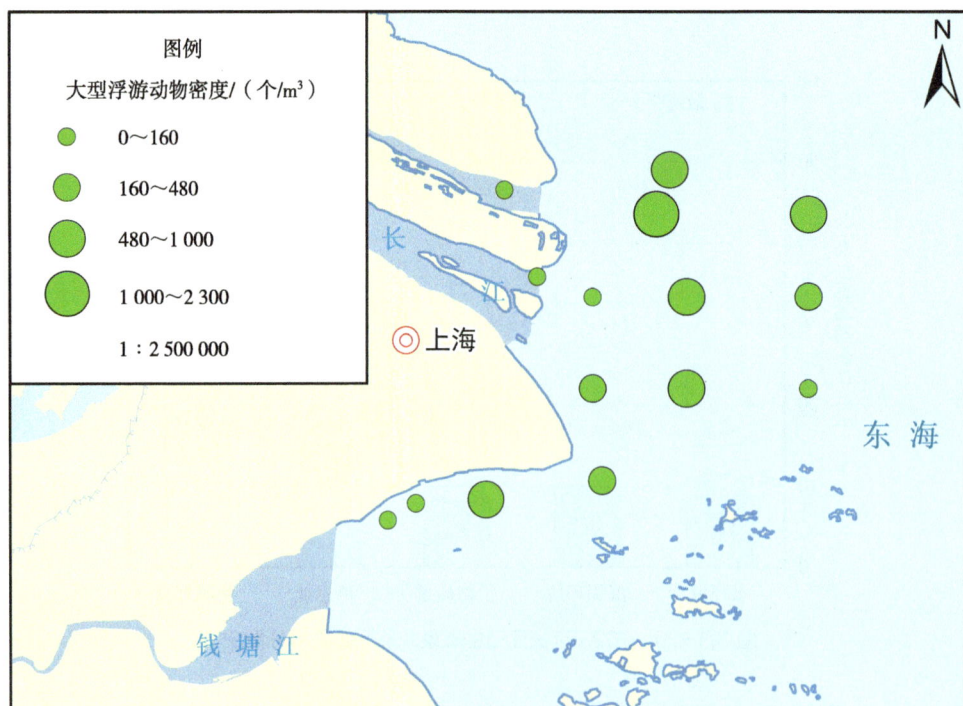

图 3.1-22 2023 年长江口生态系统大型浮游动物密度空间分布

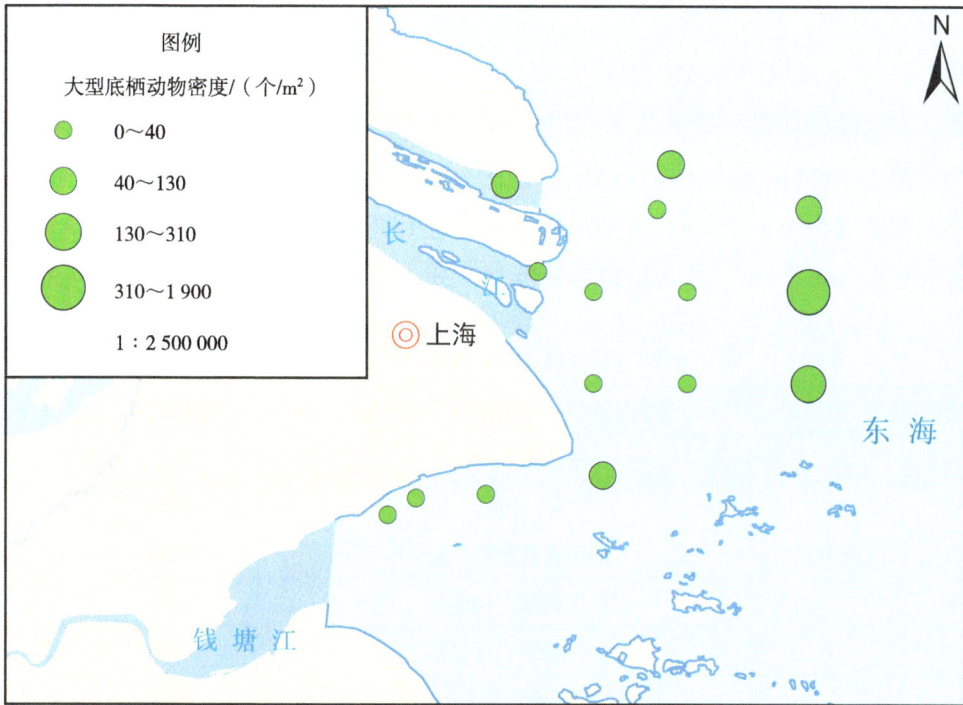

图 3.1-23　2023 年长江口生态系统大型底栖动物密度空间分布

3.1.1.6　闽江口生态系统

2023 年，闽江口生态系统生态健康指数为 61.4，呈亚健康状态，见表 3.1-7 和图 3.1-24～图 3.1-27。

水环境：溶解氧浓度为 6.7 mg/L，pH 为 8.00，活性磷酸盐浓度为 0.008 mg/L，无机氮浓度为 0.180 mg/L，石油类浓度为 0.006 mg/L。水环境得分为 13.7 分，处于健康状态。

沉积环境：有机碳含量为 0.64×10^{-2}，硫化物含量为 21.2×10^{-6}。沉积环境得分为 10.0 分，处于健康状态。

生物质量：汞、镉、铅、砷、石油烃含量分别为 0.024 mg/kg、0.46 mg/kg、0.10 mg/kg、0.65 mg/kg、12.50 mg/kg。生物质量得分为 9.0 分，环境未受到污染。

栖息地：5 年内滨海湿地栖息地面积变化基本稳定，沉积物各组分砾、砂、粉砂、黏土含量分别为 0.0%、74.2%、16.5%、9.3%，主要组分年度变化为 23.2%。栖息地得分为 12.0 分，处于健康状态。

生物群落：鉴定出浮游植物 95 种，硅藻占 80.0%，甲藻占 17.9%，浮游植物密度为 $6\,194.15 \times 10^4$ 个 /m³，主要优势种为旋链角毛藻和中肋骨条藻，多样性指数 2.22；

浮游动物 89 种，节肢动物占 55.3%，浮游幼虫占 18.6%，中、小型浮游动物密度为 30 868 个 /m³，大型浮游动物密度为 554 个 /m³，主要优势种为肥胖三角 和红小毛猛水蚤，大型浮游动物生物量为 292.5 mg/m³，多样性指数 3.26；大型底栖动物 55 种，环节动物占 44.8%，软体动物占 18.2%，主要优势种为奇异稚齿虫和寡鳃齿吻沙蚕，底栖动物密度为 201 个 /m²，底栖动物生物量为 18.7 g/m²，多样性指数 2.42；鱼卵及仔鱼密度为 3.62 个 /m³。生物群落得分为 16.7 分，处于不健康状态。

表 3.1-7　2023 年闽江口生态系统监测评价结果

序号	项目	指标	监测结果	得分
1	水环境	溶解氧 /（mg/L）	6.7	13.7
2		pH	8.00	
3		活性磷酸盐 /（mg/L）	0.008	
4		无机氮 /（mg/L）	0.180	
5		石油类 /（mg/L）	0.006	
6	沉积环境	有机碳含量 /$\times 10^{-2}$	0.64	10.0
7		硫化物含量 /$\times 10^{-6}$	21.2	
8	生物质量	汞 /（mg/kg）	0.024	9.0
9		镉 /（mg/kg）	0.46	
10		铅 /（mg/kg）	0.10	
11		砷 /（mg/kg）	0.65	
12		石油烃 /（mg/kg）	12.50	
13	栖息地	5 年内滨海湿地生境减少 /%	<5.0	12.0
14		沉积物主要组分含量年度变化 /%	23.2	
15	生物群落	浮游植物密度 /（个 /m³）	$6\ 194.15 \times 10^{4}$	16.7
16		大型浮游动物密度 /（个 /m³）	554	
17		中、小型浮游动物密度 /（个 /m³）	30 868	
18		大型浮游动物生物量 /（mg/m³）	292.5	
19		鱼卵及仔鱼密度 /（个 /m³）	3.62	
20		底栖动物密度 /（个 /m²）	201	
21		底栖动物生物量 /（g/m²）	18.7	
生态健康指数				61.4

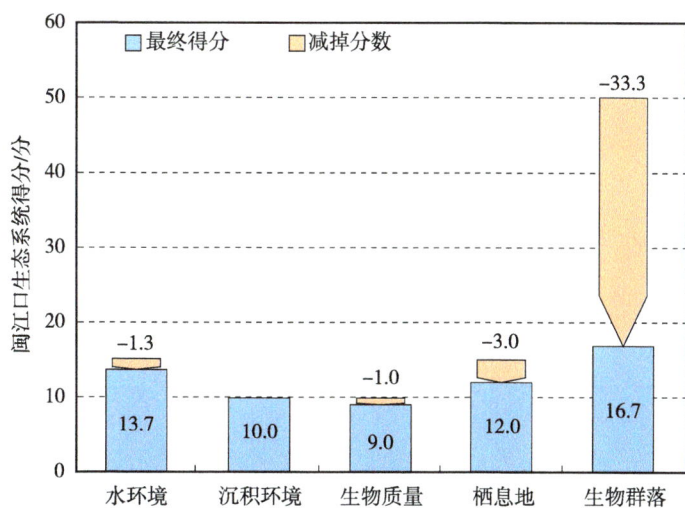

图 3.1-24　2023 年闽江口生态系统监测结果得分情况

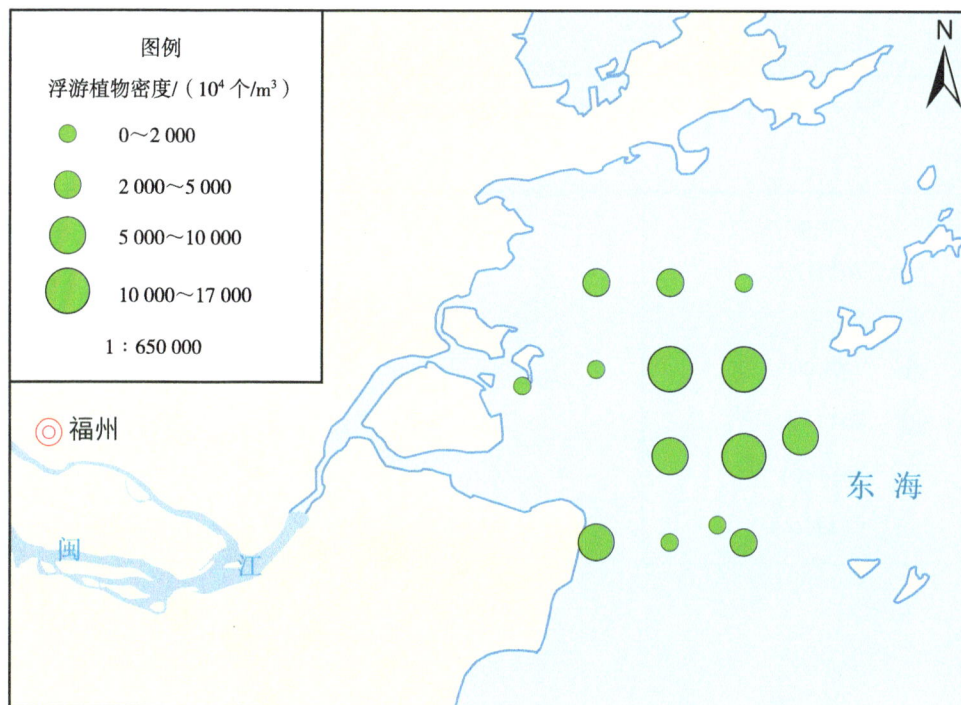

图 3.1-25　2023 年闽江口生态系统浮游植物密度空间分布

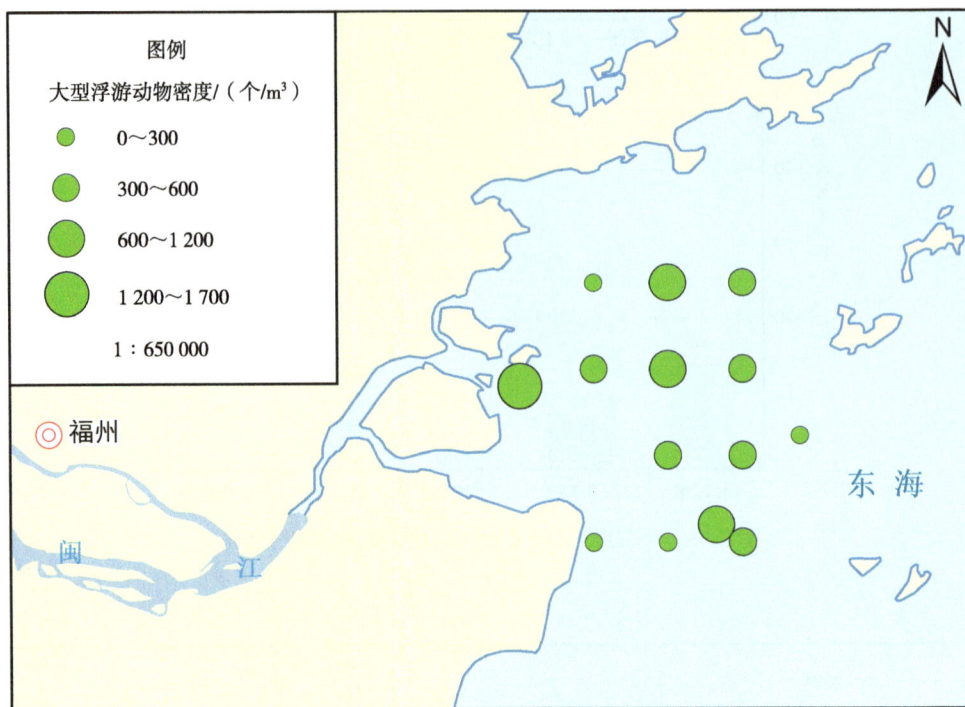

图 3.1-26　2023 年闽江口生态系统大型浮游动物密度空间分布

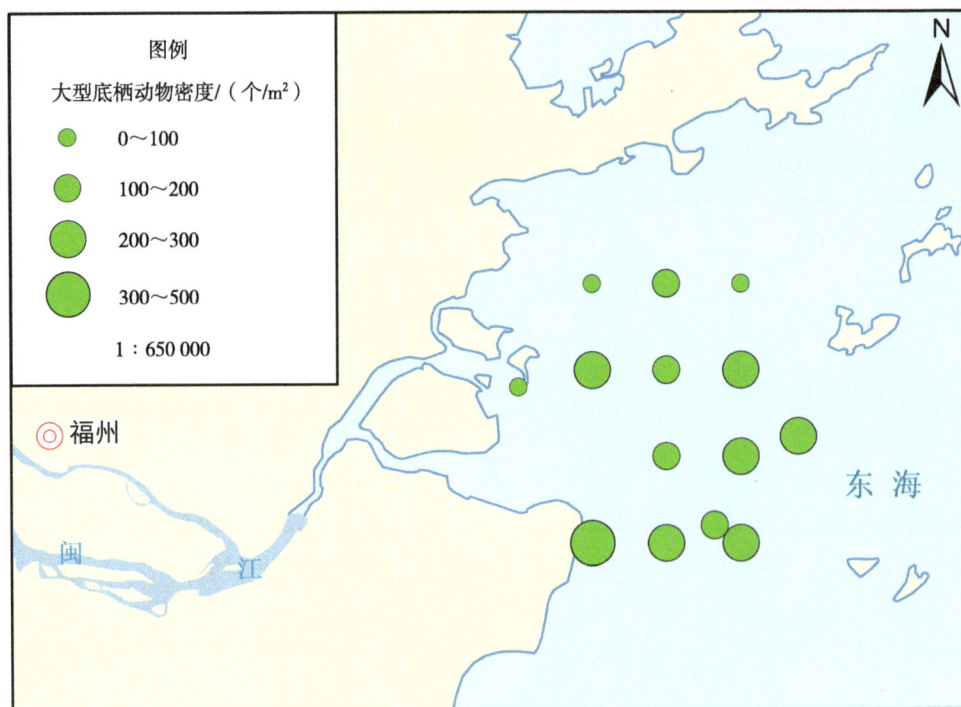

图 3.1-27　2023 年闽江口生态系统大型底栖动物密度空间分布

3.1.1.7 珠江口生态系统

2023 年，珠江口生态系统生态健康指数为 53.3，呈亚健康状态，见表 3.1-8 和图 3.1-28～图 3.1-31。

水环境：溶解氧浓度为 6.8 mg/L，pH 为 8.03，活性磷酸盐浓度为 0.023 mg/L，无机氮浓度为 1.100 mg/L，石油类为 0.010 mg/L。水环境得分为 11.5 分，处于健康状态。

沉积环境：有机碳含量为 1.06×10^{-2}，硫化物含量为 18.0×10^{-6}。沉积环境得分为 10.0 分，处于健康状态。

生物质量：汞、镉、铅、砷、石油烃含量分别为 0.011 mg/kg、0.67 mg/kg、0.14 mg/kg、0.43 mg/kg、10.44 mg/kg。生物质量得分为 8.5 分，环境未受到污染。

栖息地：5 年内滨海湿地栖息地面积减少小于 5.0%，沉积物各组分砾、砂、粉砂、黏土含量分别为 2.3%、78.9%、11.8%、7.0%，主要组分年度变化为 62.5%。栖息地得分为 10.0 分，处于亚健康状态。

生物群落：珠江口鉴定出浮游植物 126 种，硅藻占 73.8%，甲藻占 14.3%，浮游植物密度为 $7\,185.97 \times 10^4$ 个 /m³，主要优势种为拟旋链角毛藻和中肋骨条藻，多样性指数 2.31；浮游动物 135 种，节肢动物占 56%，浮游幼虫占 13%，中、小型浮游动物密度为 81 097 个 /m³，大型浮游动物密度为 777 个 /m³，主要优势种为鸟喙尖头 和刺尾纺锤水蚤，大型浮游动物生物量为 50.6 mg/m³，多样性指数 2.54；大型底栖动物 82 种，环节动物占 48.8%，节肢动物占 24.4%，主要优势种为凸壳肌蛤和豆形短眼蟹，底栖动物密度为 392 个 /m²，底栖动物生物量为 105.2 g/m²，多样性指数 2.30；鱼卵及仔鱼密度 9.25 个 /m³。生物群落得分为 13.3 分，处于不健康状态。

表 3.1-8　2023 年珠江口生态系统监测评价结果

序号	项目	指标	监测结果	得分
1	水环境	溶解氧 / (mg/L)	6.8	11.5
2		pH	8.03	
3		活性磷酸盐 / (mg/L)	0.023	
4		无机氮 / (mg/L)	1.100	
5		石油类 / (mg/L)	0.010	
6	沉积环境	有机碳含量 / ×10⁻²	1.06	10.0
7		硫化物含量 / ×10⁻⁶	18.0	

续表

序号	项目	指标	监测结果	得分
8	生物质量	汞 / (mg/kg)	0.011	8.5
9		镉 / (mg/kg)	0.67	
10		铅 / (mg/kg)	0.14	
11		砷 / (mg/kg)	0.43	
12		石油烃 / (mg/kg)	10.44	
13	栖息地	5 年内滨海湿地生境减少 /%	<5.0	10.0
14		沉积物主要组分含量年度变化 /%	62.5	
15	生物群落	浮游植物密度 / (个 /m³)	$7\,185.97 \times 10^4$	13.3
16		大型浮游动物密度 / (个 /m³)	777	
17		中、小型浮游动物密度 / (个 /m³)	81 097	
18		大型浮游动物生物量 / (mg/m³)	50.6	
19		鱼卵及仔鱼密度 / (个 /m³)	9.25	
20		底栖动物密度 / (个 /m²)	392	
21		底栖动物生物量 / (g/m²)	105.2	
		生态健康指数		53.3

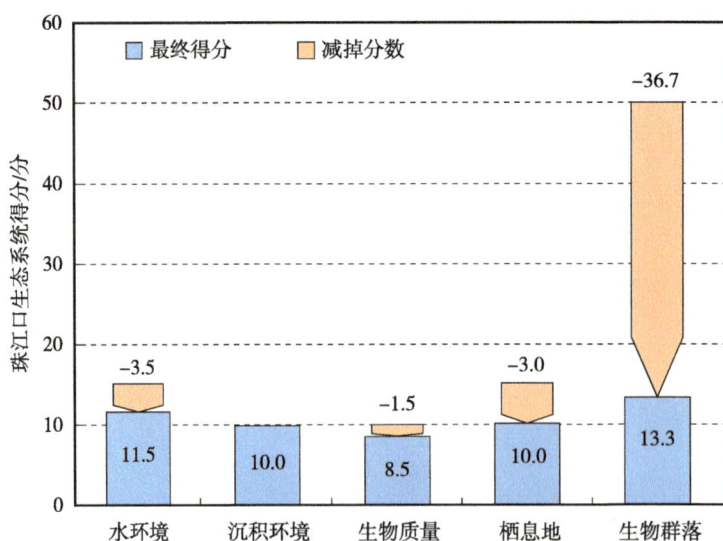

图 3.1-28　2023 年珠江口生态系统监测结果得分情况

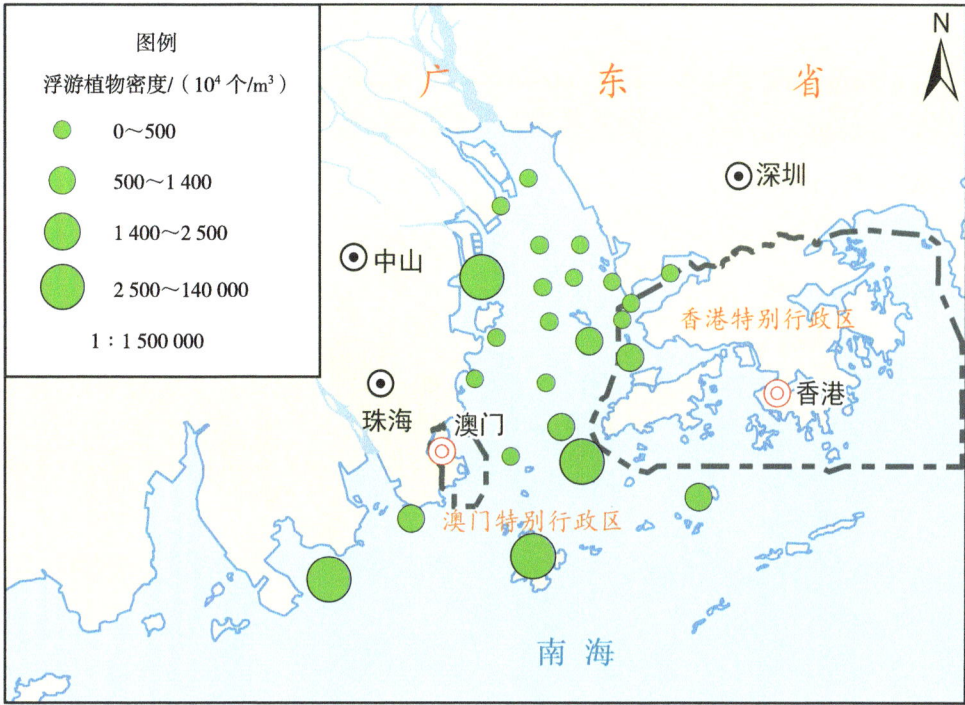

图 3.1-29　2023 年珠江口生态系统浮游植物密度空间分布

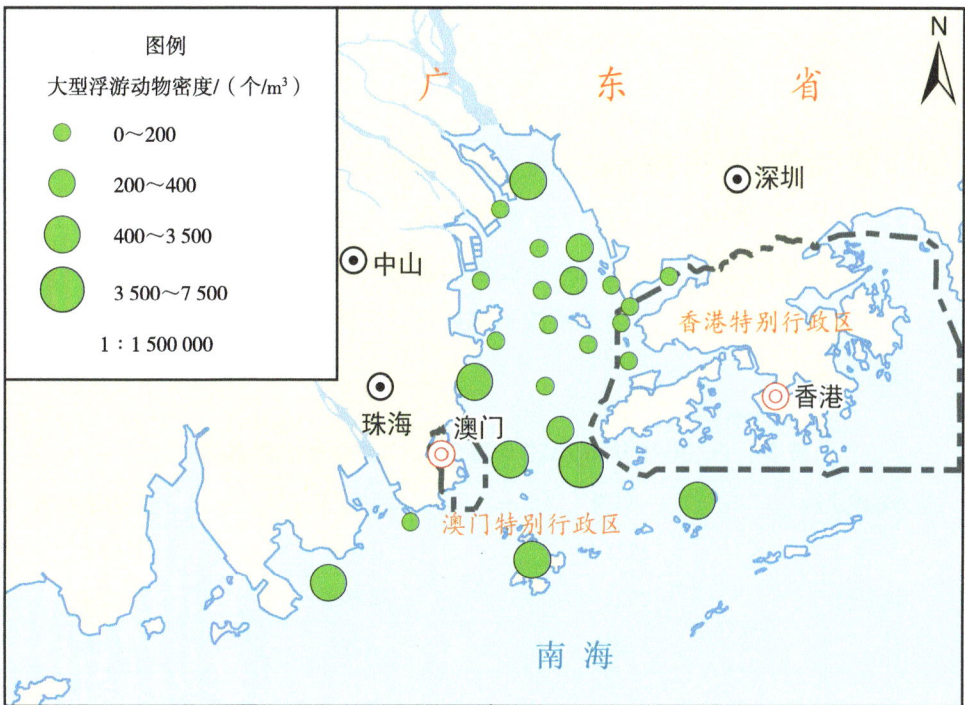

图 3.1-30　2023 年珠江口生态系统大型浮游动物密度空间分布

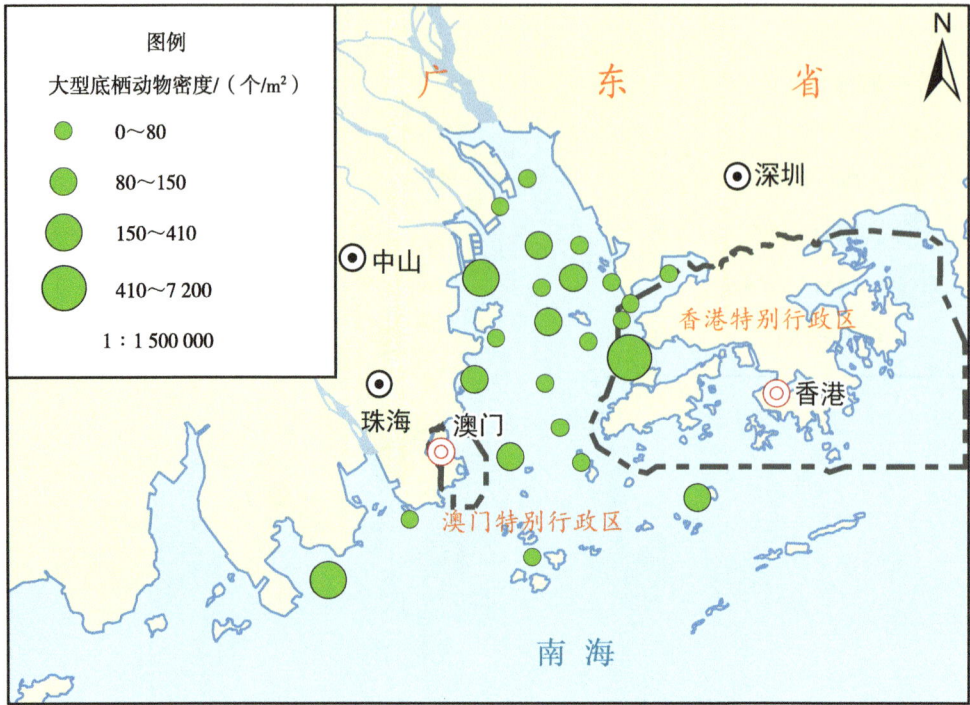

图 3.1-31　2023 年珠江口生态系统大型底栖动物密度空间分布

3.1.2　海湾生态系统

2023 年，监测的 8 个海湾生态系统均呈亚健康状态，生态健康指数平均为 61.1，范围在 55.5~68.7，其中，乐清湾生态系统最高，大亚湾生态系统最低。与 2022 年相比，生态系统健康状况无变化，生态健康指数平均下降 1.3，其中，北部湾生态系统上升最多，上升 6.7，杭州湾生态系统下降最多，下降 8.6，见表 3.1-9 和图 3.1-32~图 3.1-35。

表 3.1-9　2022 年和 2023 年海湾生态系统健康状况变化情况

生态系统名称	年份	健康状况	生态健康指数
渤海湾	2023 年	亚健康	61.6
	2022 年	亚健康	62.0
	同比	不变	↓ 0.4

续表

生态系统名称	年份	健康状况	生态健康指数
莱州湾	2023 年	亚健康	61.7
	2022 年	亚健康	62.9
	同比	不变	↓ 1.2
胶州湾	2023 年	亚健康	62.0
	2022 年	亚健康	60.2
	同比	不变	↑ 1.8
杭州湾	2023 年	亚健康	56.5
	2022 年	亚健康	65.1
	同比	不变	↓ 8.6
乐清湾	2023 年	亚健康	68.7
	2022 年	亚健康	63.7
	同比	不变	↑ 5.0
闽东沿岸	2023 年	亚健康	63.6
	2022 年	亚健康	70.4
	同比	不变	↓ 6.8
大亚湾	2023 年	亚健康	55.5
	2022 年	亚健康	62.6
	同比	不变	↓ 7.1
北部湾	2023 年	亚健康	59.3
	2022 年	亚健康	52.6
	同比	不变	↑ 6.7
海湾生态系统	2023 年	8 个亚健康	61.1
	2022 年	8 个亚健康	62.4
	同比	不变	↓ 1.3

2012—2023 年，海湾生态系统健康状况以亚健康状态为主，呈不健康状态占比小于 20%。2021—2023 年，所有海湾生态系统均呈亚健康状态，海湾生态系统健康状况整体呈好转趋势。2023 年，个别海湾海水富营养化严重，多数河口浮游植物密度和浮游动物生物量高于正常范围、鱼卵和仔鱼密度过低、大型底栖动物密度高于正常范围。

3.1.2.1　渤海湾生态系统

2023 年，渤海湾生态系统生态健康指数为 61.6，呈亚健康状态。

水环境：溶解氧浓度为 8.5 mg/L，pH 为 8.20，活性磷酸盐浓度为 0.004 mg/L，无机氮浓度为 0.213 mg/L，石油类浓度为 0.007 mg/L。水环境得分为 14.1 分，处于健康状态。

沉积环境：有机碳含量为 0.55×10^{-2}，硫化物含量为 70.4×10^{-6}。沉积环境得分为 10.0 分，处于健康状态。

生物质量：汞、镉、铅、砷、石油烃含量分别为 0.012 mg/kg、0.08 mg/kg、0.07 mg/kg、0.21 mg/kg、11.50 mg/kg。生物质量得分为 10.0 分，环境未受到污染。

栖息地：滨海湿地生境面积为 827.72 km²，5 年内滨海湿地栖息地面积减少 0.24%，沉积物各组分砾、砂、粉砂、黏土含量分别为 0.0%、3.7%、68.6%、27.7%，主要组分年度变化为 13.7%。栖息地得分为 10.8 分，处于亚健康状态。

生物群落：鉴定出浮游植物 47 种，硅藻占 85.1%，甲藻占 14.9%，浮游植物密度为 $4\,442.3 \times 10^4$ 个 /m³，主要优势种为尖刺伪菱形藻和旋链角毛藻，多样性指数 2.59；浮游动物 38 种，浮游幼虫占 44.7%，节肢动物占 24.2%，中、小型浮游动物密度为 14 102 个 /m³，大型浮游动物密度为 136 个 /m³，主要优势种为球形侧腕水母和强壮滨箭虫，大型浮游动物生物量为 122.8 mg/m³，多样性指数 2.56；大型底栖动物 32 种，环节动物占 28.1%，软体动物占 34.4%，主要优势种为棘刺锚参和绒毛细足蟹，底栖动物密度为 36 个 /m²，底栖动物生物量为 30.4 g/m²，多样性指数 1.86；鱼卵及仔鱼密度为 0.83 个 /m³。生物群落得分为 16.7 分，处于不健康状态。

表 3.1-10　2023 年渤海湾生态系统监测评价结果

序号	项目	指标	监测结果	得分
1	水环境	溶解氧 /（mg/L）	8.5	14.1
2		pH	8.20	
3		活性磷酸盐 /（mg/L）	0.004	
4		无机氮 /（mg/L）	0.213	
5		石油类 /（mg/L）	0.007	
6	沉积环境	有机碳含量 / $\times 10^{-2}$	0.55	10.0
7		硫化物含量 / $\times 10^{-6}$	70.4	

续表

序号	项目	指标	监测结果	得分
8	生物质量	汞 /（mg/kg）	0.012	10.0
9		镉 /（mg/kg）	0.08	
10		铅 /（mg/kg）	0.07	
11		砷 /（mg/kg）	0.21	
12		石油烃 /（mg/kg）	11.50	
13	栖息地	5 年内滨海湿地生境减少 /%	＜5.0	10.8
14		沉积物主要组分含量年度变化 /%	13.7	
15	生物群落	浮游植物密度 /（个 /m³）	$4\,442.3 \times 10^4$	16.7
16		大型浮游动物密度 /（个 /m³）	136	
17		中、小型浮游动物密度 /（个 /m³）	14 102	
18		大型浮游动物生物量 /（mg/m³）	122.8	
19		鱼卵及仔鱼密度 /（个 /m³）	0.83	
20		底栖动物密度 /（个 /m²）	36	
21		底栖动物生物量 /（g/m²）	30.4	
	生态健康指数			61.6

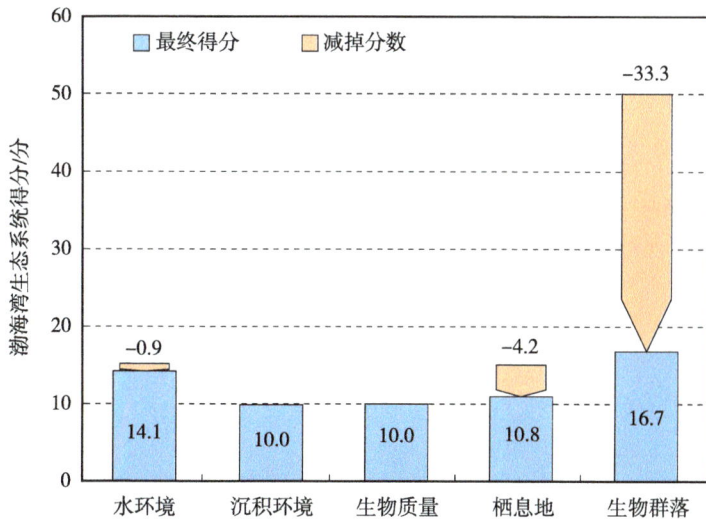

图 3.1-32　2023 年渤海湾生态系统监测结果得分情况

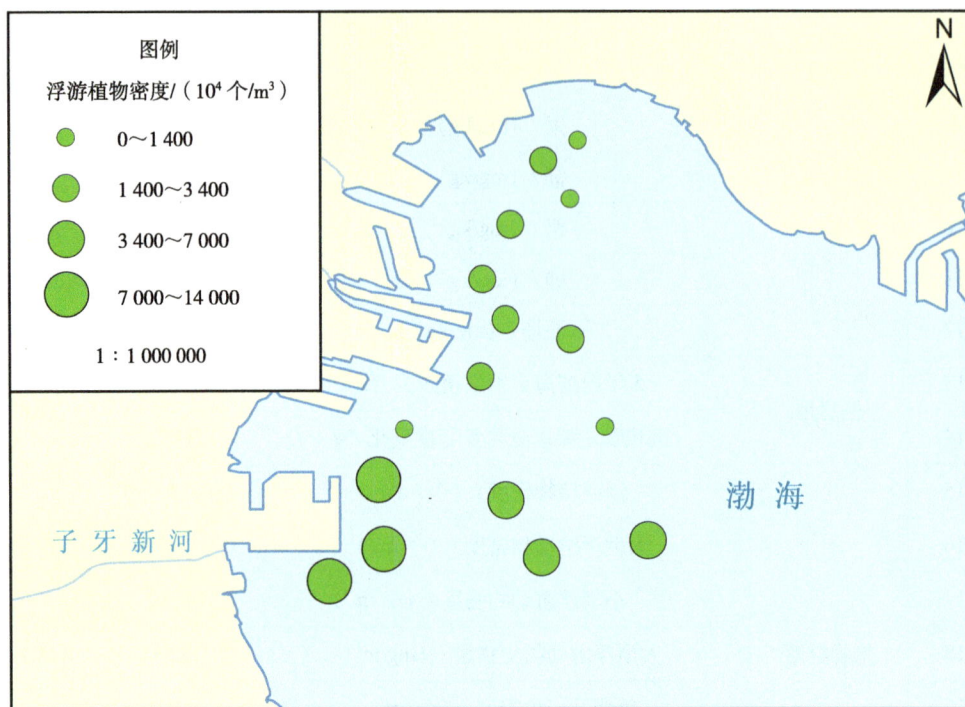

图 3.1-33　2023 年渤海湾生态系统浮游植物密度空间分布

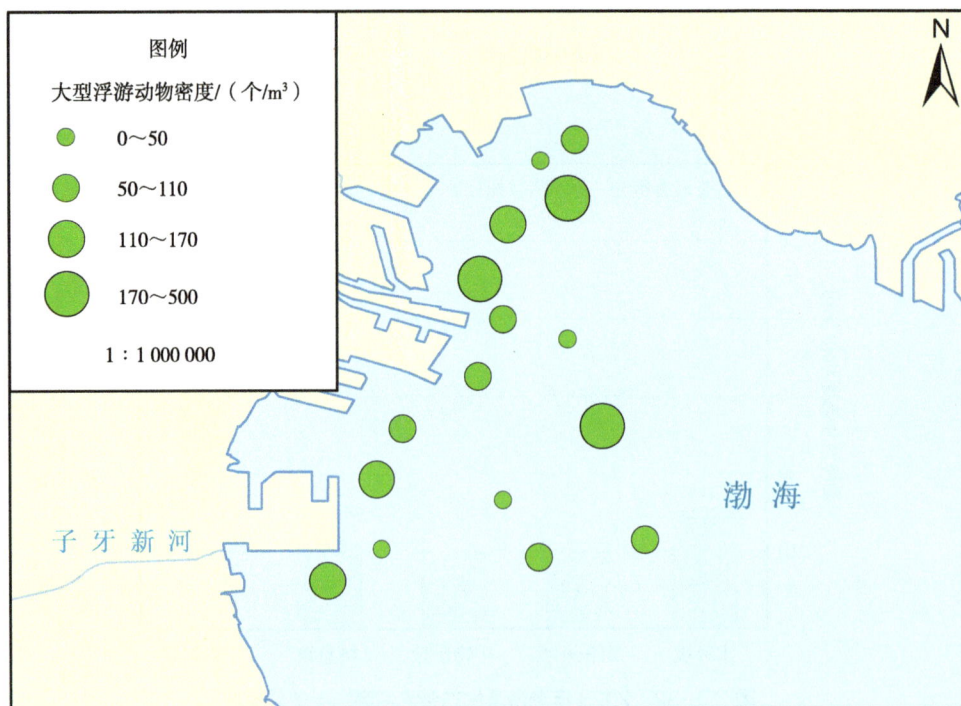

图 3.1-34　2023 年渤海湾生态系统大型浮游动物密度空间分布

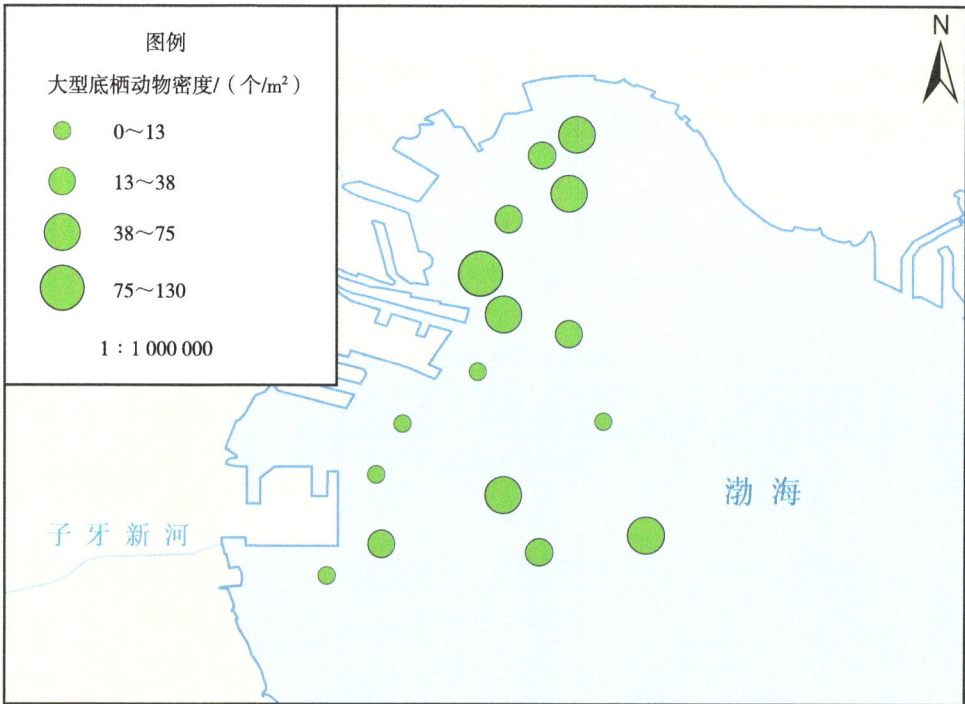

图 3.1-35　2023 年渤海湾生态系统大型底栖动物密度空间分布

3.1.2.2　莱州湾生态系统

2023 年，莱州湾生态系统生态健康指数为 61.7，呈亚健康状态，见表 3.1-11 和图 3.1-36～图 3.1-39。

水环境：溶解氧浓度为 5.9 mg/L，pH 为 8.07，活性磷酸盐浓度为 0.005 mg/L，无机氮浓度为 0.083 mg/L，石油类浓度为 0.020 mg/L。水环境得分为 13.9 分，处于健康状态。

沉积环境：有机碳含量为 0.35×10^{-2}，硫化物含量为 16.2×10^{-6}。沉积环境得分为 10.0 分，处于健康状态。

生物质量：汞、镉、铅、砷、石油烃含量分别为 0.022 mg/kg、0.06 mg/kg、0.07 mg/kg、0.09 mg/kg、10.80 mg/kg。生物质量得分为 10.0 分，环境未受到污染。

栖息地：5 年内滨海湿地栖息地面积基本稳定，沉积物各组分砾、砂、粉砂、黏土含量分别为 0.0%、33.4%、61.5%、5.1%，主要组分年度变化为 10.0%。栖息地得分为 11.1 分，处于健康状态。

生物群落：鉴定出浮游植物 44 种，硅藻占 84.1%，甲藻占 11.4%，浮游植物密度为 26.07×10^{4} 个 /m³，主要优势种为大洋角管藻和中肋骨条藻，多样性指数 2.70；

浮游动物 60 种，节肢动物占 32.4%，浮游幼虫占 34.8%，中、小型浮游动物密度为 5 300 个 /m³，大型浮游动物密度为 56 个 /m³，主要优势种为强壮滨箭虫和拟长腹剑水蚤，大型浮游动物生物量为 95.0 mg/m³，多样性指数 2.93；大型底栖动物 139 种，环节动物占 41.7%，软体动物占 28.1%，主要优势种为寡节甘吻沙蚕和江户明樱蛤，底栖动物密度为 952 个 /m²，底栖动物生物量为 107.9 g/m²，多样性指数 3.69；鱼卵及仔鱼密度为 0.70 个 /m³。生物群落得分为 16.7 分，处于不健康状态。

表 3.1-11　2023 年莱州湾生态系统监测评价结果

序号	项目	指标	监测结果	得分
1	水环境	溶解氧 / (mg/L)	5.9	13.9
2		pH	8.07	
3		活性磷酸盐 / (mg/L)	0.005	
4		无机氮 / (mg/L)	0.083	
5		石油类 / (mg/L)	0.020	
6	沉积环境	有机碳含量 / ×10⁻²	0.35	10.0
7		硫化物含量 / ×10⁻⁶	16.2	
8	生物质量	汞 / (mg/kg)	0.022	10.0
9		镉 / (mg/kg)	0.06	
10		铅 / (mg/kg)	0.07	
11		砷 / (mg/kg)	0.09	
12		石油烃 / (mg/kg)	10.80	
13	栖息地	5 年内滨海湿地生境减少 /%	<5.0	11.1
14		沉积物主要组分含量年度变化 /%	10.0	
15	生物群落	浮游植物密度 / (个 /m³)	26.07×10⁴	16.7
16		大型浮游动物密度 / (个 /m³)	56	
17		中、小型浮游动物密度 / (个 /m³)	5 300	
18		大型浮游动物生物量 / (mg/m³)	95.0	
19		鱼卵及仔鱼密度 / (个 /m³)	0.70	
20		底栖动物密度 / (个 /m²)	952	
21		底栖动物生物量 / (g/m²)	107.9	
		生态健康指数		61.7

图 3.1-36　2023 年莱州湾生态系统监测结果得分情况

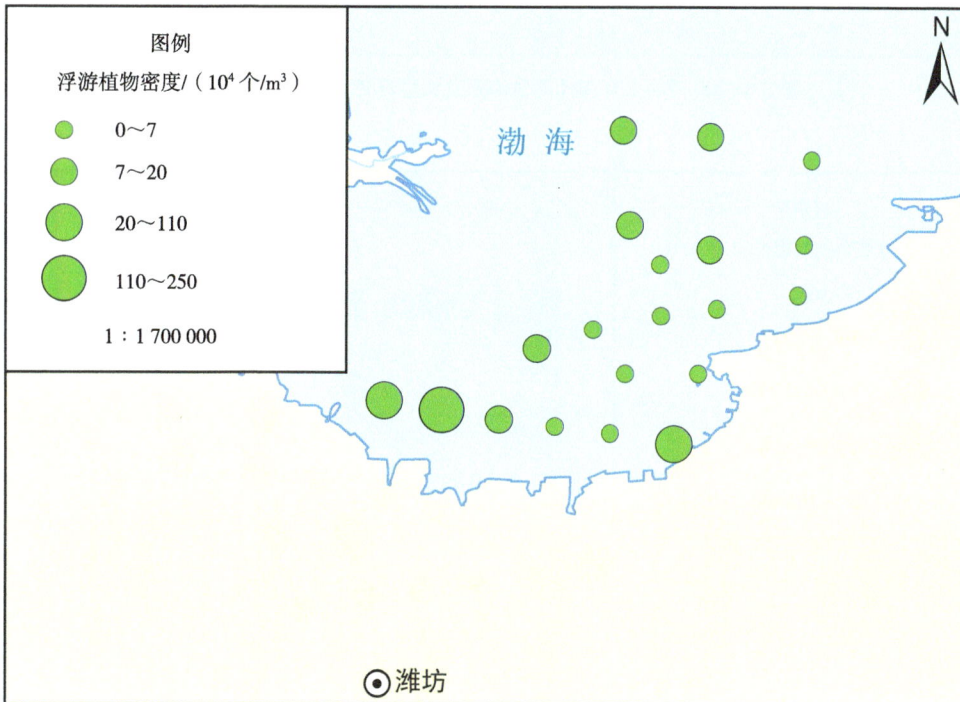

图 3.1-37　2023 年莱州湾生态系统浮游植物密度空间分布

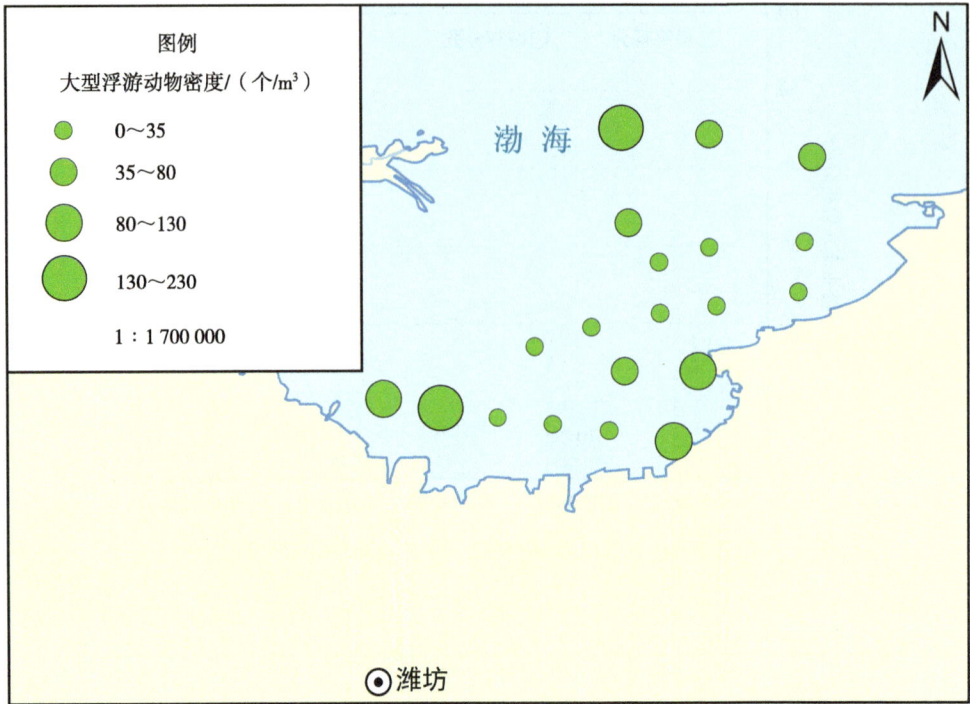

图 3.1-38　2023 年莱州湾生态系统大型浮游动物密度空间分布

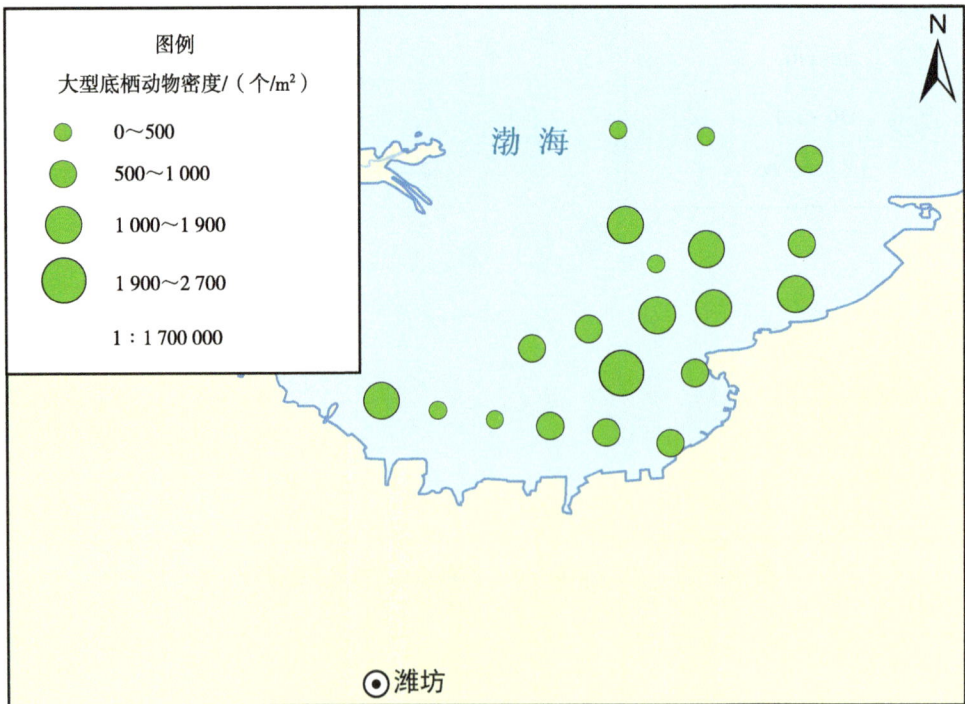

图 3.1-39　2023 年莱州湾生态系统大型底栖动物密度空间分布

3.1.2.3 胶州湾生态系统

2023 年，胶州湾生态系统生态健康指数为 62.0，呈亚健康状态，见表 3.1-12 和图 3.1-40～图 3.1-43。

水环境：溶解氧浓度为 6.4 mg/L，pH 为 8.13，活性磷酸盐浓度为 0.006 mg/L，无机氮浓度为 0.075 mg/L，石油类浓度为 0.010 mg/L。水环境得分为 14.8 分，处于健康状态。

沉积环境：有机碳含量为 0.46×10^{-2}，硫化物含量为 63.3×10^{-6}。沉积环境得分为 10.0 分，处于健康状态。

生物质量：汞、镉、铅、砷、石油烃含量分别为 0.012 mg/kg、0.06 mg/kg、0.09 mg/kg、0.79 mg/kg、5.01 mg/kg。生物质量得分为 10.0 分，环境未受到污染。

栖息地：5 年内滨海湿地栖息地面积减少小于 5.0%，沉积物各组分砾、砂、粉砂、黏土含量分别为 0.0%、36.2%、50.7%、13.1%，主要组分年度变化为 20.2%。栖息地得分为 10.5 分，处于亚健康状态。

生物群落：鉴定出浮游植物 66 种，硅藻占 77.3%，甲藻占 22.7%，浮游植物密度为 $3\,646.7 \times 10^{4}$ 个 /m³，主要优势种为中肋骨条藻和短角弯角藻，多样性指数 1.36；浮游动物 60 种，节肢动物占 27.2%，浮游幼虫占 40.1%，中、小型浮游动物密度为 41 042 个 /m³，大型浮游动物密度为 335 个 /m³，主要优势种为强壮滨箭虫和小拟哲水蚤，大型浮游动物生物量为 467.3 mg/m³，多样性指数 2.85；大型底栖动物 96 种，环节动物占 39.2%，节肢动物占 31.7%，主要优势种为丝异须虫和塞切尔泥钩虾，底栖动物密度 553 个 /m²，底栖动物生物量为 300.2 g/m²，多样性指数 3.69；鱼卵及仔鱼密度为 2.70 个 /m³。生物群落得分为 16.7 分，处于不健康状态。

表 3.1-12 2023 年胶州湾生态系统监测评价结果

序号	项目	指标	监测结果	得分
1	水环境	溶解氧 /（mg/L）	6.4	14.8
2		pH	8.13	
3		活性磷酸盐 /（mg/L）	0.006	
4		无机氮 /（mg/L）	0.075	
5		石油类 /（mg/L）	0.010	
6	沉积环境	有机碳含量 / $\times 10^{-2}$	0.46	10.0
7		硫化物含量 / $\times 10^{-6}$	63.3	

续表

序号	项目	指标	监测结果	得分
8	生物质量	汞 / (mg/kg)	0.012	10.0
9		镉 / (mg/kg)	0.06	
10		铅 / (mg/kg)	0.09	
11		砷 / (mg/kg)	0.79	
12		石油烃 / (mg/kg)	5.01	
13	栖息地	5 年内滨海湿地生境减少 /%	＜5.0	10.5
14		沉积物主要组分含量年度变化 /%	20.2	
15	生物群落	浮游植物密度 / (个 /m³)	$3\,646.7 \times 10^4$	16.7
16		大型浮游动物密度 / (个 /m³)	335	
17		中、小型浮游动物密度 / (个 /m³)	41 042	
18		大型浮游动物生物量 / (mg/m³)	467.3	
19		鱼卵及仔鱼密度 / (个 /m³)	2.70	
20		底栖动物密度 / (个 /m²)	553	
21		底栖动物生物量 / (g/m²)	300.2	
		生态健康指数		62.0

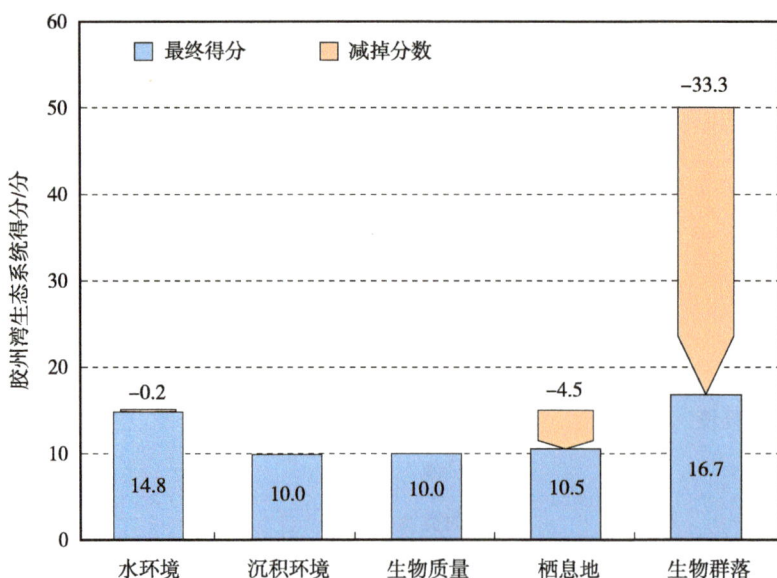

图 3.1-40　2023 年胶州湾生态系统监测结果得分情况

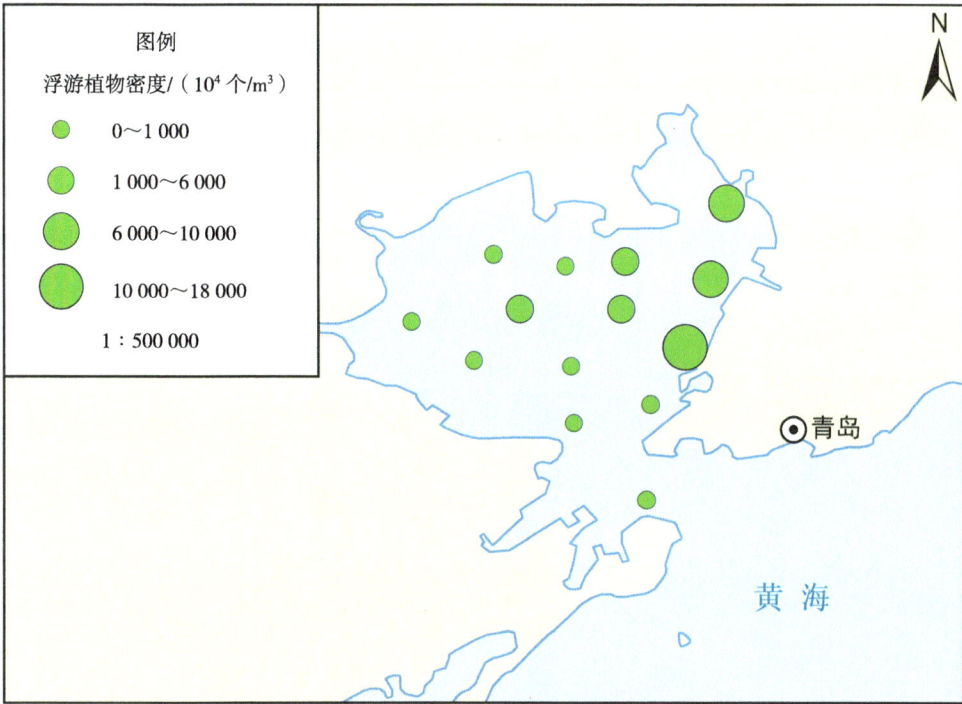

图 3.1-41　2023 年胶州湾生态系统浮游植物密度空间分布

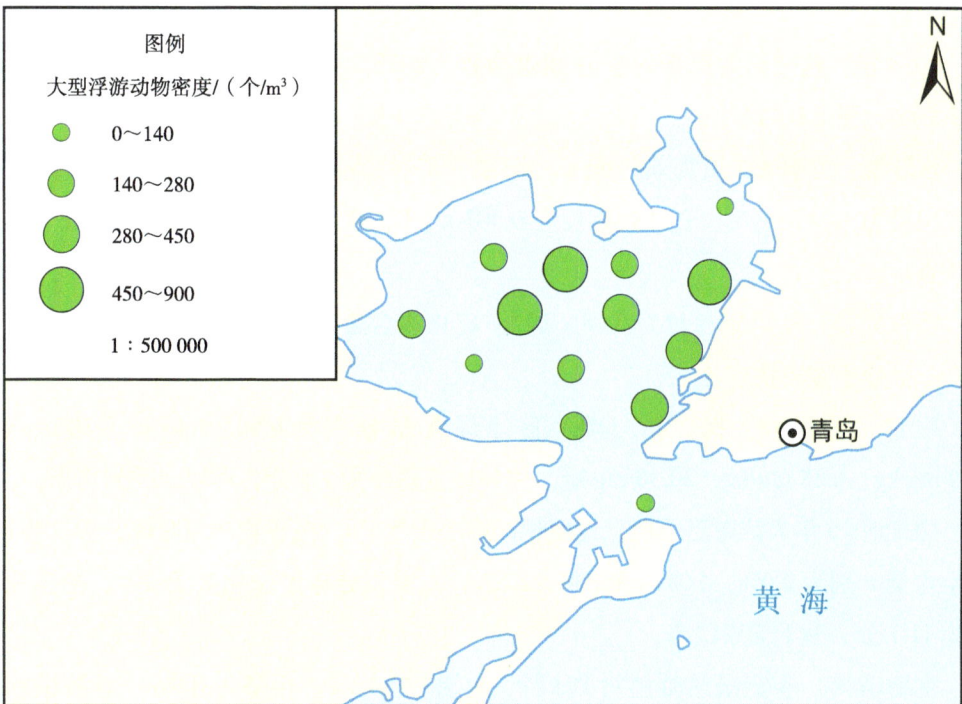

图 3.1-42　2023 年胶州湾生态系统大型浮游动物密度空间分布

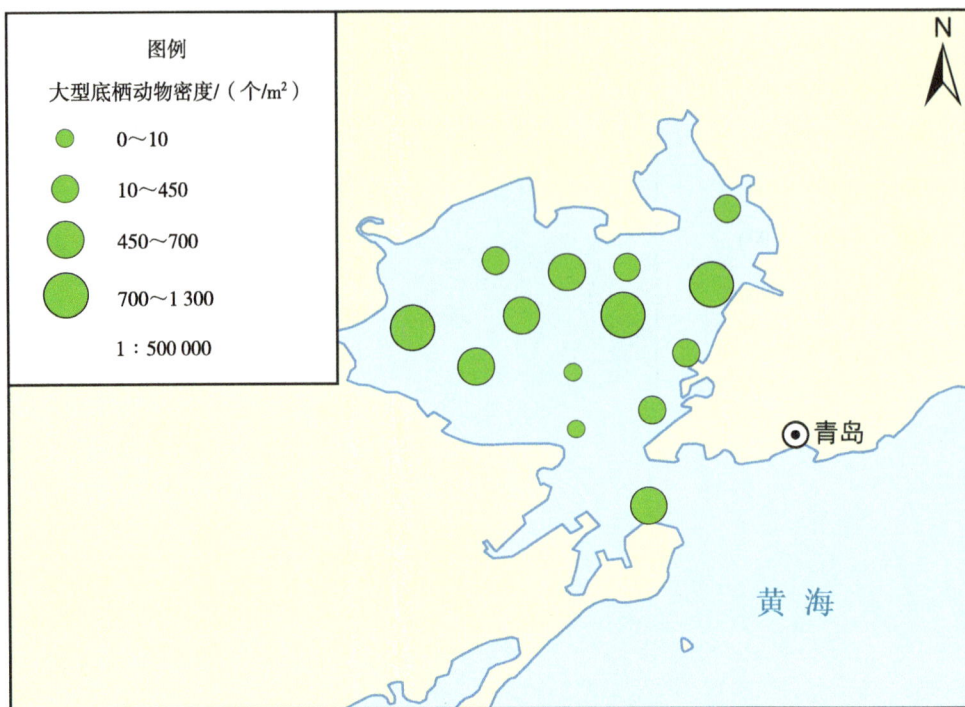

图 3.1-43　2023 年胶州湾生态系统大型底栖动物密度空间分布

3.1.2.4　杭州湾生态系统

2023 年，杭州湾生态系统生态健康指数为 56.5，呈亚健康状态，见表 3.1-13 和图 3.1-44～图 3.1-47。

水环境：溶解氧浓度为 6.4 mg/L，pH 为 7.87，活性磷酸盐浓度为 0.048 mg/L，无机氮浓度为 1.347 mg/L，石油类浓度为 0.003 mg/L。水环境得分为 10.8 分，处于亚健康状态。

沉积环境：有机碳含量为 0.48×10^{-2}，硫化物含量为 0.7×10^{-6}。沉积环境得分为 10.0 分，处于健康状态。

生物质量：汞、镉、铅、砷、石油烃含量分别为 0.005 mg/kg、0.10 mg/kg、0.19 mg/kg、0.88 mg/kg、20.50 mg/kg。生物质量得分为 7.3 分，环境未受到污染。

栖息地：5 年内滨海湿地栖息地面积减少小于 5.0%，沉积物各组分砾、砂、粉砂、黏土含量分别为 0.0%、4.9%、86.5%、8.6%，主要组分年度变化为 10.8%。栖息地得分为 11.7 分，处于健康状态。

生物群落：鉴定出浮游植物 103 种，硅藻占 84.2%，甲藻占 8.9%，浮游植物密度为 70.29×10^4 个 /m^3，主要优势种为琼氏圆筛藻和辐射圆筛藻，多样性指数 2.50；

浮游动物 85 种，节肢动物占 51.2%，刺胞动物占 20.9%，中、小型浮游动物密度为 3 400 个 /m³，大型浮游动物密度为 74 个 /m³，主要优势种为长额刺糠虾和太平洋纺锤水蚤，大型浮游动物生物量为 82.6 mg/m³，多样性指数 2.83；大型底栖动物 5 种，环节动物占 100.0%，主要优势种为寡鳃齿吻沙蚕，底栖动物密度为 3 个 /m²，底栖动物生物量为 0.1 g/m²，多样性指数为 0.33；鱼卵及仔鱼密度为 1.90 个 /m³。生物群落得分为 16.7 分，处于不健康状态。

表 3.1-13　2023 年杭州湾生态系统监测评价结果

序号	项目	指标	监测结果	得分
1	水环境	溶解氧 / (mg/L)	6.4	10.8
2		pH	7.87	
3		活性磷酸盐 / (mg/L)	0.048	
4		无机氮 / (mg/L)	1.347	
5		石油类 / (mg/L)	0.003	
6	沉积环境	有机碳含量 / ×10⁻²	0.48	10.0
7		硫化物含量 / ×10⁻⁶	0.7	
8	生物质量	汞 / (mg/kg)	0.005	7.3
9		镉 / (mg/kg)	0.10	
10		铅 / (mg/kg)	0.19	
11		砷 / (mg/kg)	0.88	
12		石油烃 / (mg/kg)	20.50	
13	栖息地	5 年内滨海湿地生境减少 /%	<5.0	11.7
14		沉积物主要组分含量年度变化 /%	10.8	
15	生物群落	浮游植物密度 / (个 /m³)	70.29×10⁴	16.7
16		大型浮游动物密度 / (个 /m³)	74	
17		中、小型浮游动物密度 / (个 /m³)	3 400	
18		大型浮游动物生物量 / (mg/m³)	82.6	
19		鱼卵及仔鱼密度 / (个 /m³)	1.90	
20		底栖动物密度 / (个 /m²)	3	
21		底栖动物生物量 / (g/m²)	0.1	
		生态健康指数		56.5

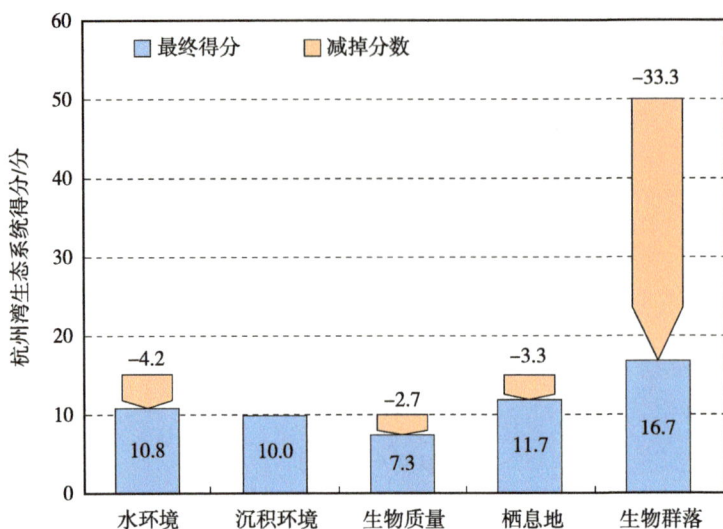

图 3.1-44　2023 年杭州湾生态系统监测结果得分情况

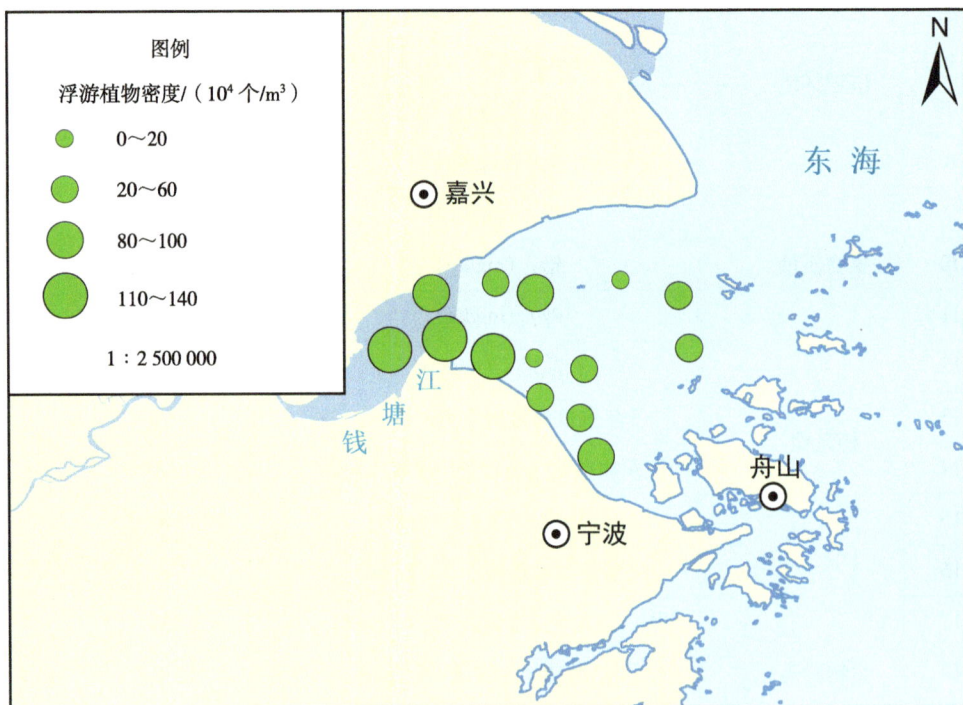

图 3.1-45　2023 年杭州湾生态系统浮游植物密度空间分布

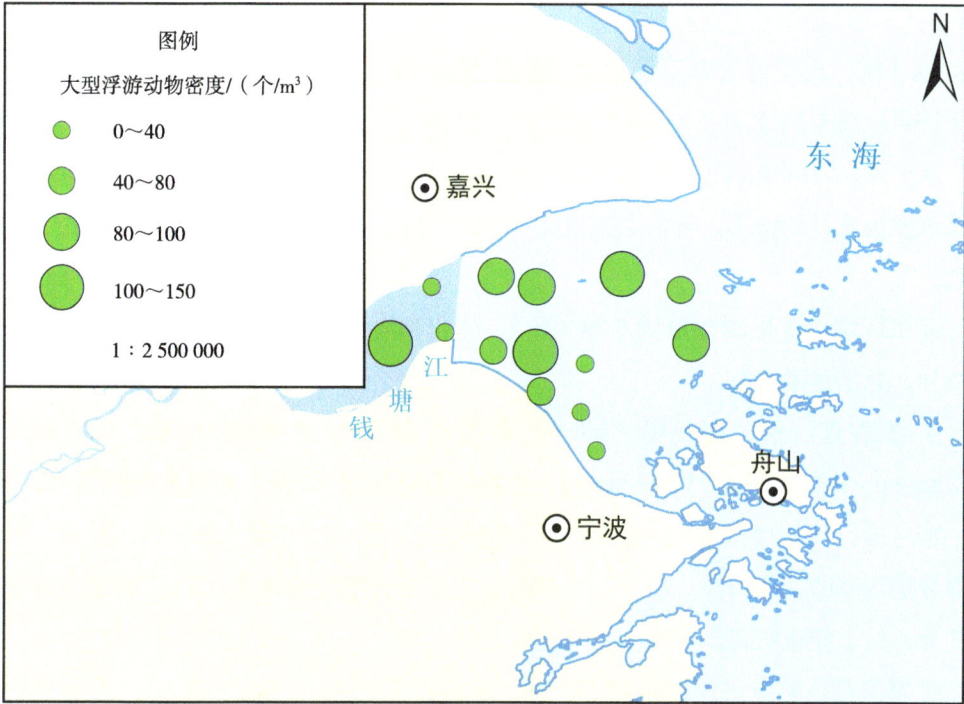

图 3.1-46　2023 年杭州湾生态系统大型浮游动物密度空间分布

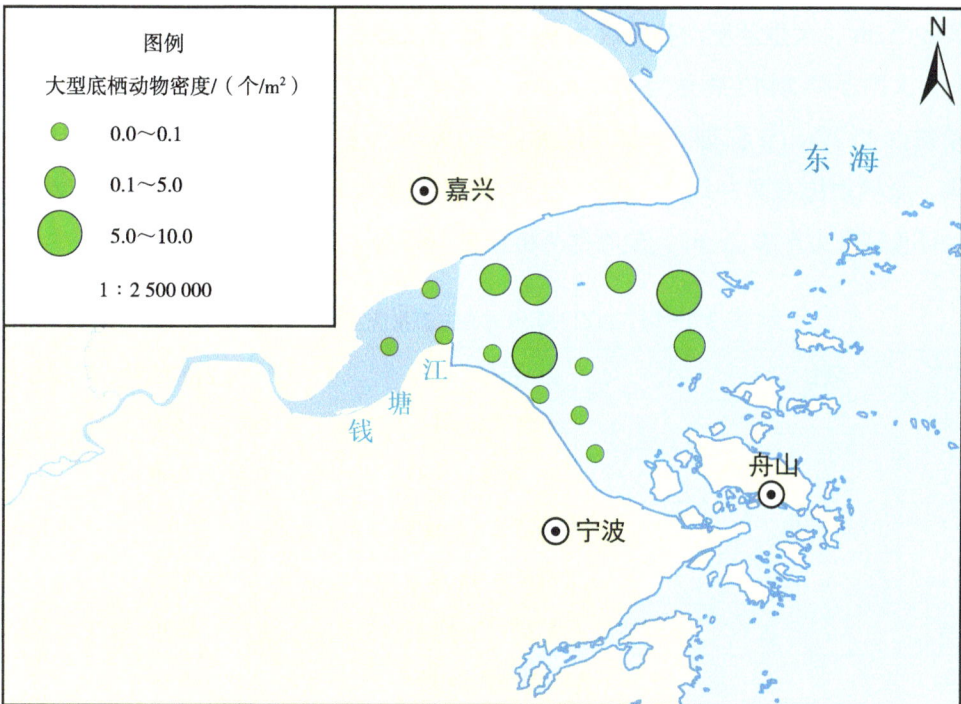

图 3.1-47　2023 年杭州湾生态系统大型底栖动物密度空间分布

3.1.2.5 乐清湾生态系统

2023 年，乐清湾生态系统生态健康指数为 68.7，呈亚健康状态，见表 3.1-14 和图 3.1-48～图 3.1-51。

水环境：溶解氧浓度为 6.2 mg/L，pH 为 8.00，活性磷酸盐浓度为 0.025 mg/L，无机氮浓度为 0.253 mg/L，石油类浓度为 0.003 mg/L。水环境得分为 13.3 分，处于健康状态。

沉积环境：有机碳含量为 0.59×10^{-2}，硫化物含量为 2.2×10^{-6}。沉积环境得分为 10.0 分，处于健康状态。

生物质量：汞、镉、铅、砷、石油烃含量分别为 0.005 mg/kg、0.30 mg/kg、0.42 mg/kg、0.92 mg/kg、17.43 mg/kg。生物质量得分为 7.0 分，环境未受到污染。

栖息地：5 年内滨海湿地栖息地面积基本稳定，沉积物各组分砾、砂、粉砂、黏土含量分别为 0.0%、10.1%、75.1%、14.0%，主要组分年度变化为 0.2%。栖息地得分为 11.7 分，处于健康状态。

生物群落：鉴定出浮游植物 171 种，硅藻占 73.1%，甲藻占 25.2%，浮游植物密度为 40.82×10^4 个 /m³，主要优势种为布氏双尾藻和琼氏圆筛藻，多样性指数 2.94；浮游动物 115 种，节肢动物占 51.2%，刺胞动物占 14.9%，中、小型浮游动物密度为 12 838 个 /m³，大型浮游动物密度为 94 个 /m³，主要优势种为太平洋纺锤水蚤和肥胖箭虫，大型浮游动物生物量为 82.6 mg/m³，多样性指数 3.52；大型底栖动物 20 种，环节动物占 45.2%，节肢动物和棘皮动物各占 19.8%，主要优势种为小头虫和双鳃内卷齿蚕，底栖动物密度为 20 个 /m²，底栖动物生物量为 1.6 g/m²，多样性指数 1.07；鱼卵及仔鱼密度为 6.40 个 /m³。生物群落得分为 26.7 分，处于亚健康状态。

表 3.1-14　2023 年乐清湾生态系统监测评价结果

序号	项目	指标	监测结果	得分
1	水环境	溶解氧 /（mg/L）	6.2	13.3
2		pH	8.00	
3		活性磷酸盐 /（mg/L）	0.025	
4		无机氮 /（mg/L）	0.253	
5		石油类 /（mg/L）	0.003	
6	沉积环境	有机碳含量 /$\times 10^{-2}$	0.59	10.0
7		硫化物含量 /$\times 10^{-6}$	2.2	

续表

序号	项目	指标	监测结果	得分
8	生物质量	汞 / (mg/kg)	0.005	7.0
9		镉 / (mg/kg)	0.30	
10		铅 / (mg/kg)	0.42	
11		砷 / (mg/kg)	0.92	
12		石油烃 / (mg/kg)	17.43	
13	栖息地	5 年内滨海湿地生境减少 /%	<5.0	11.7
14		沉积物主要组分含量年度变化 /%	0.2	
15	生物群落	浮游植物密度 / (个 /m³)	40.82×10⁴	26.7
16		大型浮游动物密度 / (个 /m³)	94	
17		中、小型浮游动物密度 / (个 /m³)	12 838	
18		大型浮游动物生物量 / (mg/m³)	82.6	
19		鱼卵及仔鱼密度 / (个 /m³)	6.40	
20		底栖动物密度 / (个 /m²)	20	
21		底栖动物生物量 / (g/m²)	1.6	
生态健康指数				68.7

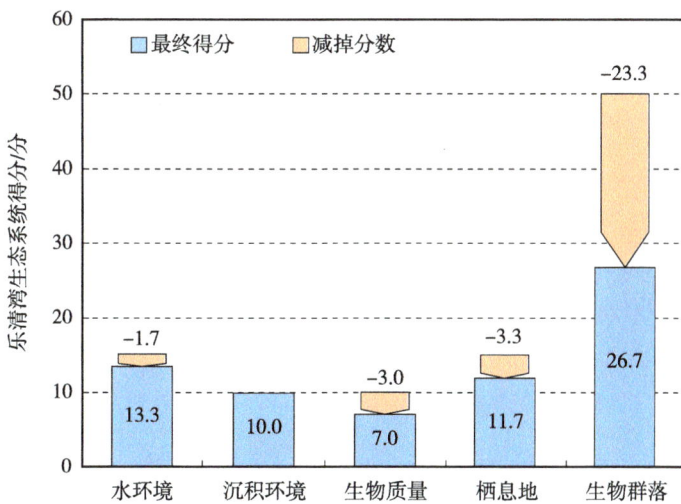

图 3.1-48　2023 年乐清湾生态系统监测结果得分情况

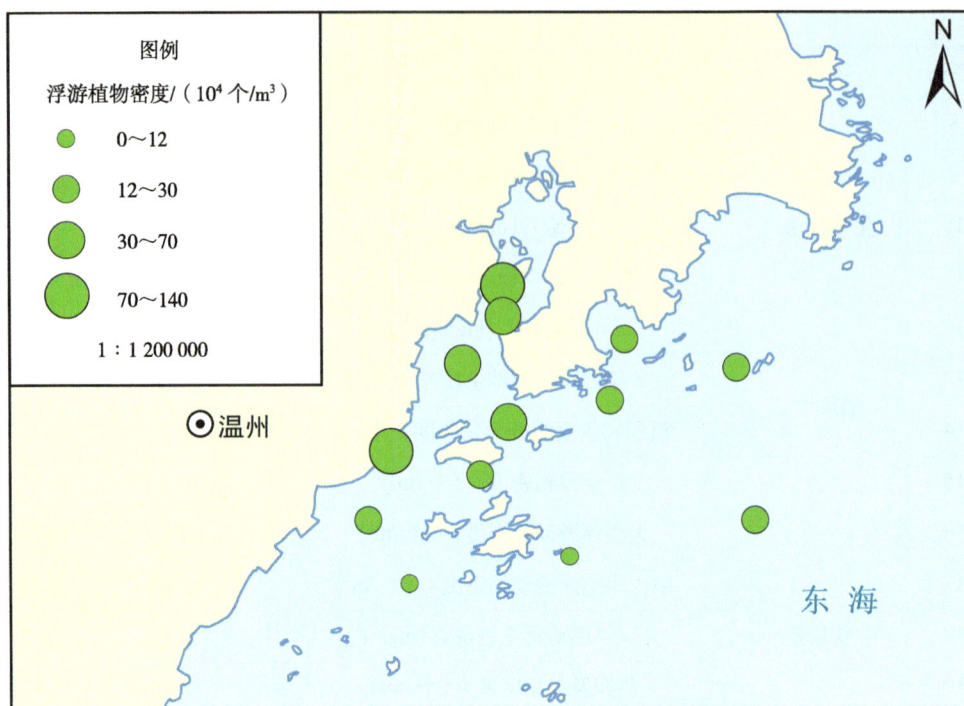

图 3.1-49　2023 年乐清湾生态系统浮游植物密度空间分布

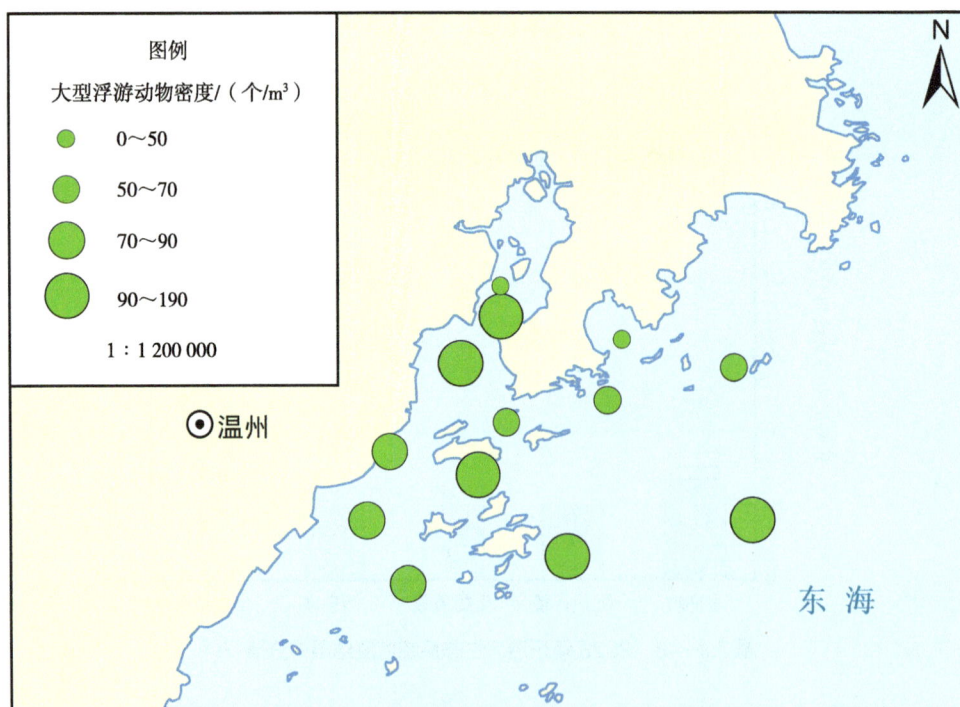

图 3.1-50　2023 年乐清湾生态系统大型浮游动物密度空间分布

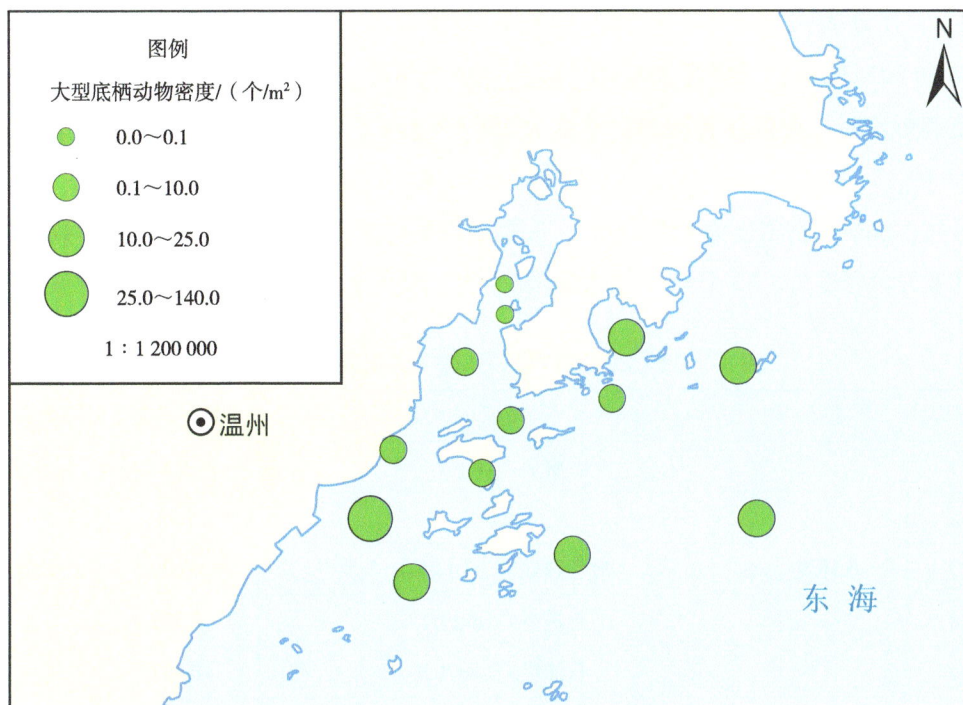

图 3.1-51　2023 年乐清湾生态系统大型底栖动物密度空间分布

3.1.2.6　闽东沿岸生态系统

2023 年，闽东沿岸生态系统生态健康指数为 63.6，呈亚健康状态，见表 3.1-15 和图 3.1-52～图 3.1-55。

水环境：溶解氧浓度为 6.5 mg/L，pH 为 8.03，活性磷酸盐浓度为 0.020 mg/L，无机氮浓度为 0.225 mg/L，石油类浓度为 0.002 mg/L。水环境得分为 12.8 分，处于健康状态。

沉积环境：有机碳含量为 0.84×10^{-2}，硫化物含量为 37.9×10^{-6}。沉积环境得分为 10.0 分，处于健康状态。

生物质量：汞、镉、铅、砷、石油烃含量分别为 0.034 mg/kg、0.53 mg/kg、0.16 mg/kg、0.40 mg/kg、20.48 mg/kg。生物质量得分为 8.0 分，环境未受到污染。

栖息地：5 年内滨海湿地栖息地面积基本稳定，沉积物各组分砾、砂、粉砂、黏土含量分别为 0.0%、13.0%、54.7%、32.3%，主要组分年度变化为 11.7%。栖息地得分为 12.8 分，处于健康状态。

生物群落：鉴定出浮游植物 107 种，硅藻占 78.5%，甲藻占 20.6%，浮游植物密度为 436.85×10^4 个 $/m^3$，主要优势种为中肋骨条藻和尖刺伪菱形藻，多样性指数

2.11；浮游动物 92 种，节肢动物占 63.0%，浮游幼虫占 17.4%，中、小型浮游动物密度为 10 001 个 /m³，大型浮游动物密度为 287 个 /m³，主要优势种为亚强次真哲水蚤和微刺哲水蚤，大型浮游动物生物量为 258.4 mg/m³，多样性指数 3.42；大型底栖动物 80 种，环节动物占 55.1%，软体动物占 18.3%，主要优势种为寡鳃齿吻沙蚕和双唇索沙蚕，底栖动物密度为 151 个 /m²，底栖动物生物量为 18.5 g/m²，多样性指数 2.68；鱼卵及仔鱼密度为 1.33 个 /m³。生物群落得分为 20.0 分，处于亚健康状态。

表 3.1-15　2023 年闽东沿岸生态系统监测评价结果

序号	项目	指标	监测结果	得分
1	水环境	溶解氧 / (mg/L)	6.5	12.8
2		pH	8.03	
3		活性磷酸盐 / (mg/L)	0.020	
4		无机氮 / (mg/L)	0.225	
5		石油类 / (mg/L)	0.002	
6	沉积环境	有机碳含量 / $\times 10^{-2}$	0.84	10.0
7		硫化物含量 / $\times 10^{-6}$	37.9	
8	生物质量	汞 / (mg/kg)	0.034	8.0
9		镉 / (mg/kg)	0.53	
10		铅 / (mg/kg)	0.16	
11		砷 / (mg/kg)	0.40	
12		石油烃 / (mg/kg)	20.48	
13	栖息地	5 年内滨海湿地生境减少 /%	<5.0	12.8
14		沉积物主要组分含量年度变化 /%	11.7	
15	生物群落	浮游植物密度 / (个 /m³)	436.85×10^4	20.0
16		大型浮游动物密度 / (个 /m³)	287	
17		中、小型浮游动物密度 / (个 /m³)	10 001	
18		大型浮游动物生物量 / (mg/m³)	258.4	
19		鱼卵及仔鱼密度 / (个 /m³)	1.33	
20		底栖动物密度 / (个 /m²)	151	
21		底栖动物生物量 / (g/m²)	18.5	
		生态健康指数		63.6

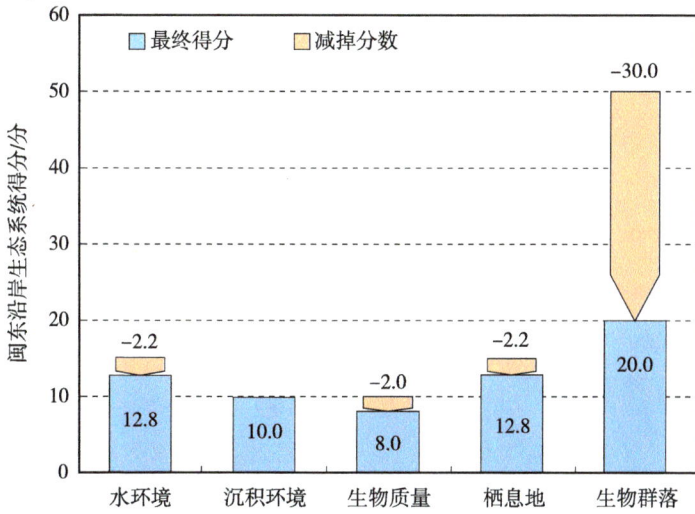

图 3.1-52　2023 年闽东沿岸生态系统监测结果得分情况

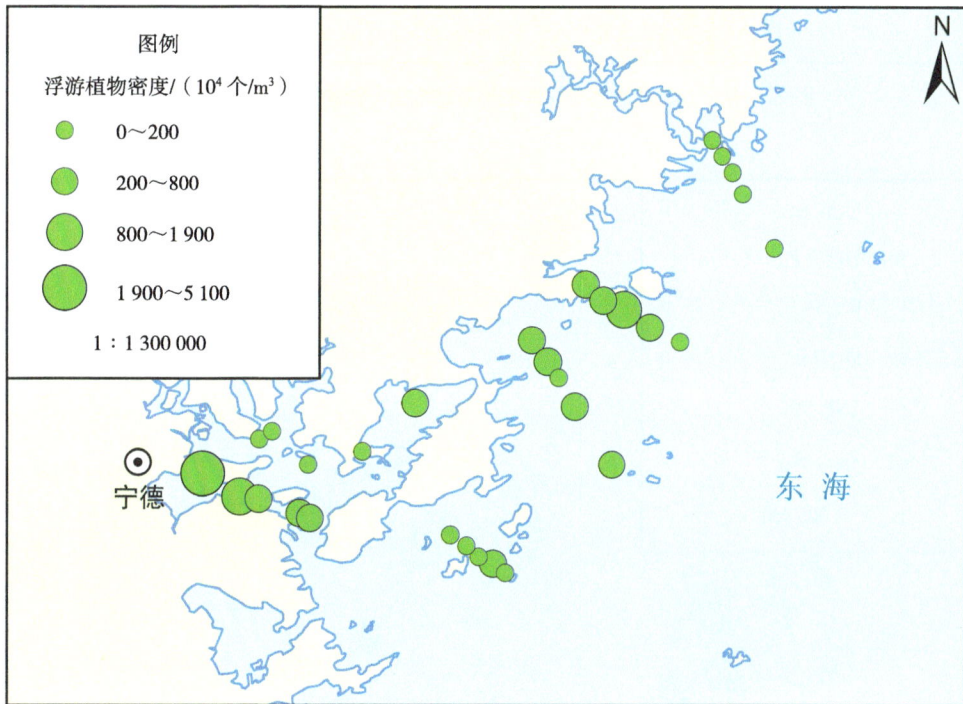

图 3.1-53　2023 年闽东沿岸生态系统浮游植物密度空间分布

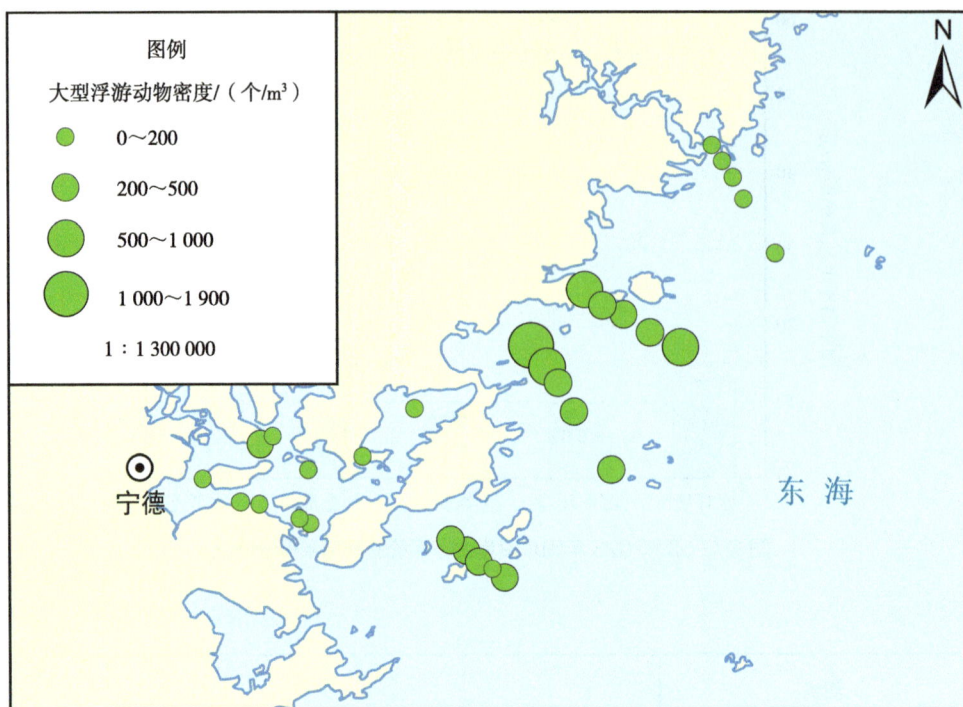

图 3.1-54　2023 年闽东沿岸生态系统大型浮游动物密度空间分布

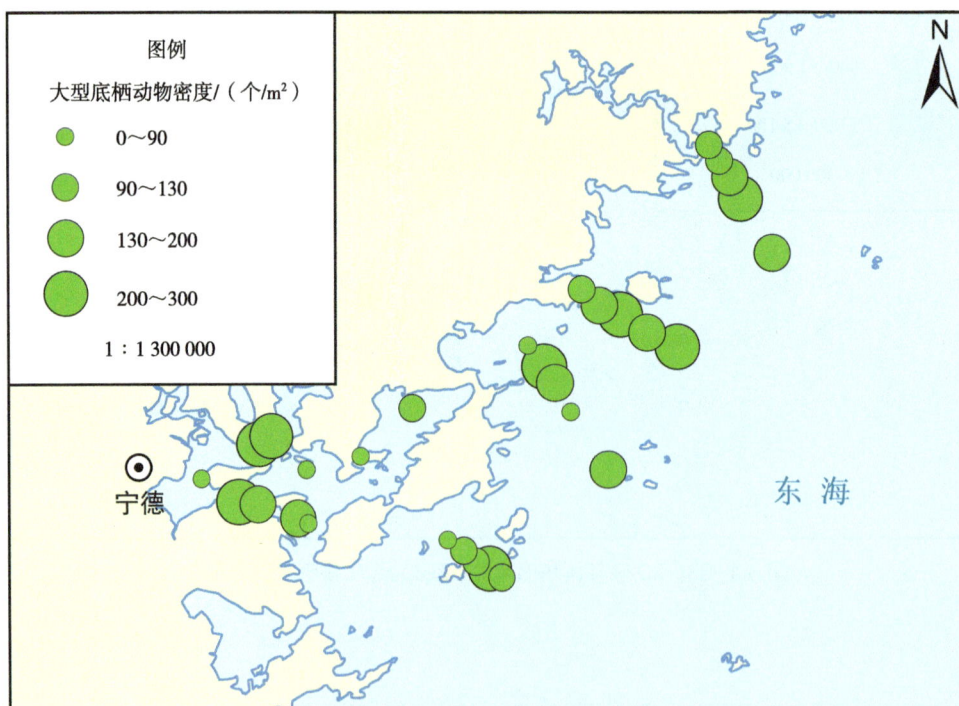

图 3.1-55　2023 年闽东沿岸生态系统大型底栖动物密度空间分布

3.1.2.7 大亚湾生态系统

2023 年，大亚湾生态系统生态健康指数为 55.5，呈亚健康状态，见表 3.1-16 和图 3.1-56～图 3.1-59。

水环境：溶解氧浓度为 6.0 mg/L，pH 平均为 8.21，活性磷酸盐浓度为 0.003 mg/L，无机氮浓度为 0.066 mg/L，石油类浓度为 0.011 mg/L。水环境得分为 14.4 分，处于健康状态。

沉积环境：有机碳含量为 0.96×10^{-2}，硫化物含量为 5.8×10^{-6}。沉积环境得分为 10.0 分，处于健康状态。

生物质量：汞、镉、铅、砷、石油烃含量分别为 0.010 mg/kg、0.32 mg/kg、0.14 mg/kg、0.81 mg/kg、10.69 mg/kg。生物质量得分为 8.0 分，环境未受到污染。

栖息地：5 年内滨海湿地栖息地面积基本稳定，沉积物各组分砾、砂、粉砂、黏土含量分别为 0.0%、22.5%、60.9%、16.6%，主要组分年度变化为 0.1%。栖息地得分为 13.1 分，处于健康状态。

生物群落：鉴定出浮游植物 123 种，硅藻占 73.2%，甲藻占 24.4%，浮游植物密度为 $10\ 258.25 \times 10^{4}$ 个 /m³，主要优势种为窄隙角毛藻和异角角毛藻，多样性指数 3.23；浮游动物 111 种，节肢动物占 53.1%，刺胞动物占 14.3%，中、小型浮游动物密度为 16 057 个 /m³，大型浮游动物密度为 1 044 个 /m³，主要优势种为鸟喙尖头 和锥形宽水蚤，大型浮游动物生物量为 56.9 mg/m³，多样性指数 2.30；大型底栖动物 96 种，环节动物占 54.8%，节肢动物占 19.2%，主要优势种为中国中蚓虫和细丝鳃虫，底栖动物密度为 96 个 /m²，底栖动物生物量为 18.0 g/m²，多样性指数 2.30；鱼卵及仔鱼密度为 3.00 个 /m³。生物群落得分为 10.0 分，处于不健康状态。

表 3.1-16　2023 年大亚湾生态系统监测评价结果

序号	项目	指标	监测结果	得分
1	水环境	溶解氧 /（mg/L）	6.0	14.4
2		pH	8.21	
3		活性磷酸盐 /（mg/L）	0.003	
4		无机氮 /（mg/L）	0.066	
5		石油类 /（mg/L）	0.011	
6	沉积环境	有机碳含量 /$\times 10^{-2}$	0.96	10.0
7		硫化物含量 /$\times 10^{-6}$	5.8	

续表

序号	项目	指标	监测结果	得分
8	生物质量	汞 /（mg/kg）	0.010	8.0
9		镉 /（mg/kg）	0.32	
10		铅 /（mg/kg）	0.14	
11		砷 /（mg/kg）	0.81	
12		石油烃 /（mg/kg）	10.69	
13	栖息地	5 年内滨海湿地生境减少 /%	＜5.0	13.1
14		沉积物主要组分含量年度变化 /%	0.1	
15	生物群落	浮游植物密度 /（个 /m³）	$10\ 258.25 \times 10^4$	10.0
16		大型浮游动物密度 /（个 /m³）	1 044	
17		中、小型浮游动物密度 /（个 /m³）	16 057	
18		大型浮游动物生物量 /（mg/m³）	56.9	
19		鱼卵及仔鱼密度 /（个 /m³）	3.00	
20		底栖动物密度 /（个 /m²）	96	
21		底栖动物生物量 /（g/m²）	18.0	
		生态健康指数		55.5

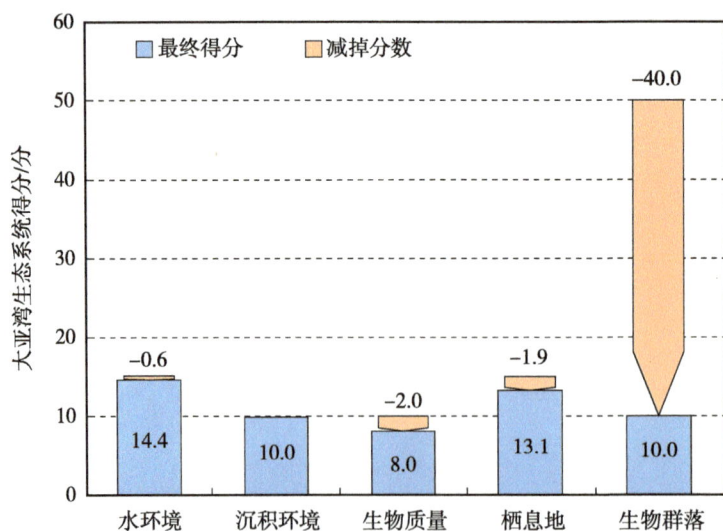

图 3.1-56　2023 年大亚湾生态系统监测结果得分情况

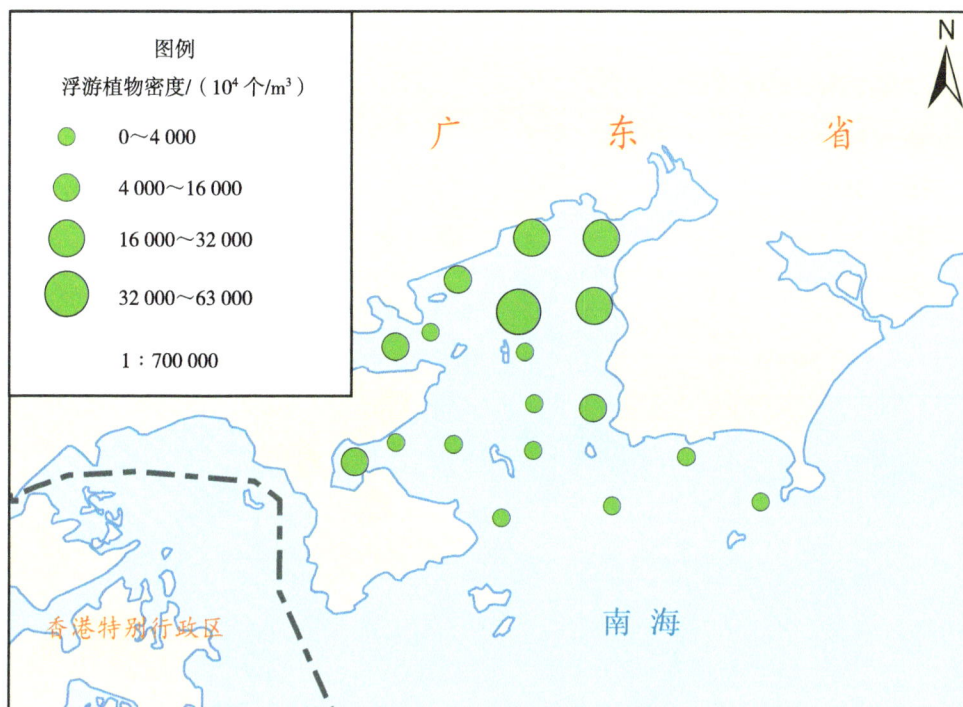

图 3.1-57　2023 年大亚湾生态系统浮游植物密度空间分布

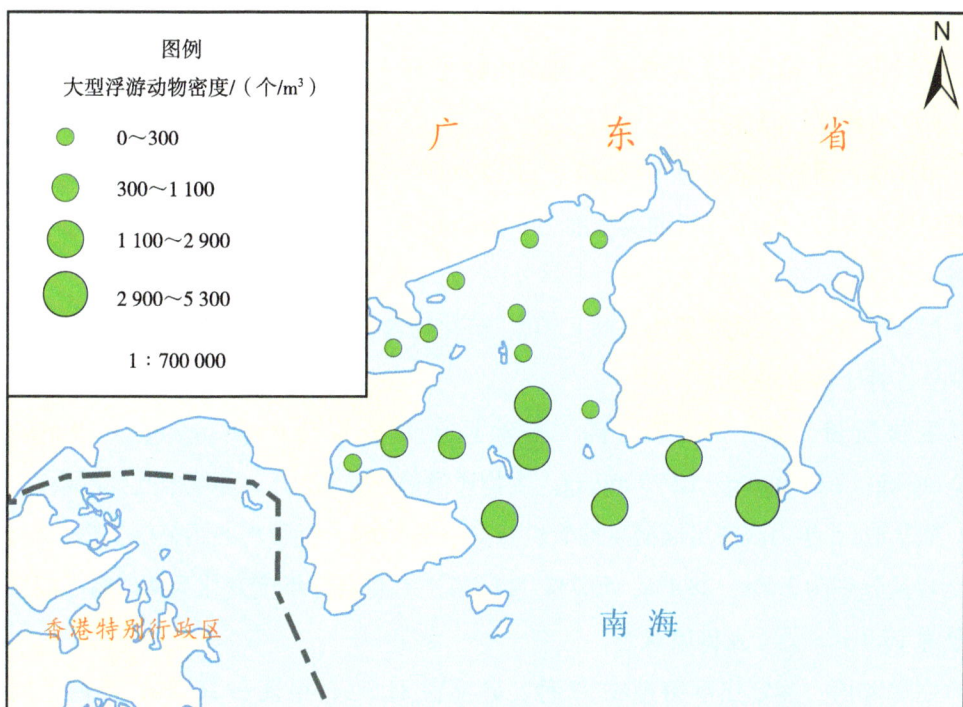

图 3.1-58　2023 年大亚湾生态系统大型浮游动物密度空间分布

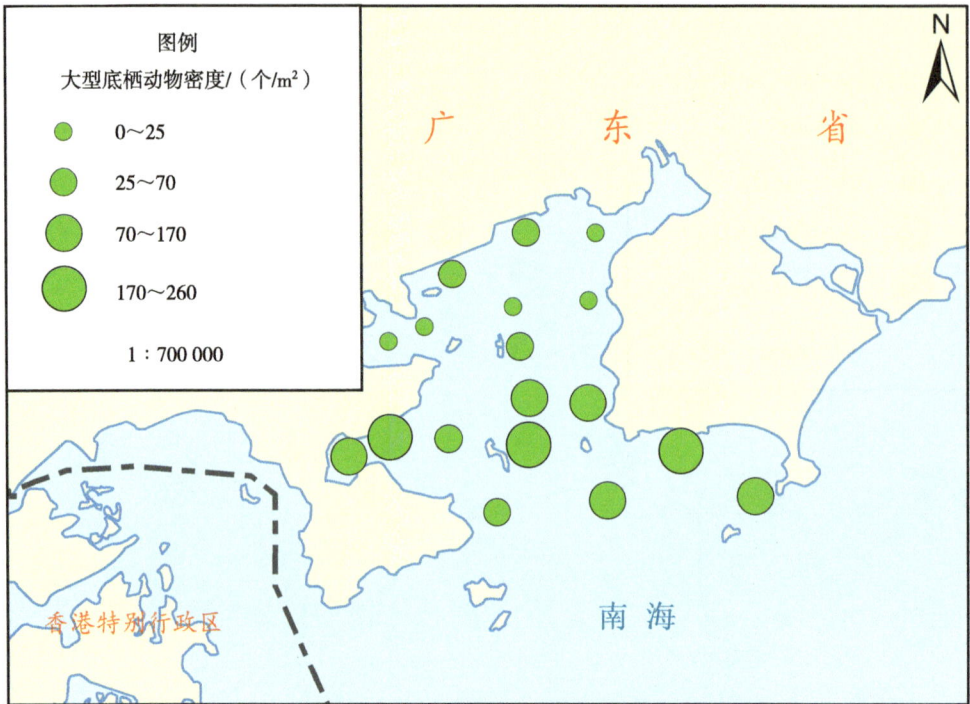

图 3.1-59　2023 年大亚湾生态系统大型底栖动物密度空间分布

3.1.2.8　北部湾生态系统

2023 年，北部湾生态系统生态健康指数为 59.3，呈亚健康状态，见表 3.1-17 和图 3.1-60～图 3.1-63。

水环境：溶解氧浓度为 6.4 mg/L，pH 为 8.08，活性磷酸盐浓度为 0.003 mg/L，无机氮浓度为 0.026 mg/L，石油类浓度为 0.004 mg/L。水环境得分为 14.9 分，处于健康状态。

沉积环境：有机碳含量为 0.88×10^{-2}，硫化物含量为 25.0×10^{-6}。沉积环境得分为 10.0 分，处于健康状态。

生物质量：汞、镉、铅、砷、石油烃含量分别为 0.008 mg/kg、0.19 mg/kg、0.12 mg/kg、2.13 mg/kg、12.79 mg/kg。生物质量得分为 7.7 分，环境未受到污染。

栖息地：5 年内滨海湿地栖息地面积减少小于 5.0%，沉积物各组分砾、砂、粉砂、黏土含量分别为 3.6%、28.4%、50.7%、17.3%，主要组分年度变化为 48.2%。栖息地得分为 10.0 分，处于亚健康状态。

生物群落：鉴定出浮游植物 92 种，硅藻占 81.5%，甲藻占 16.3%，浮游植物密度为 794.16×10^4 个 /m^3，主要优势种为中肋骨条藻和菱形海线藻，多样性指数 2.21；

浮游动物 210 种，节肢动物占 48.1%，刺胞动物占 15.3%，中、小型浮游动物密度为 10 859 个 /m³，大型浮游动物密度为 168 个 /m³，主要优势种为肥胖箭虫和红纺锤水蚤，大型浮游动物生物量为 35.6 mg/m³，多样性指数 3.26；大型底栖动物 107 种，环节动物占 48.2%，节肢动物占 26.8%，主要优势种为克氏三齿蛇尾，底栖动物密度为 53 个 /m²，底栖动物生物量为 14.7 g/m²，多样性指数 2.34；鱼卵及仔鱼密度为 3.81 个 / m³。生物群落得分为 16.7 分，处于不健康状态。

表 3.1-17　2023 年北部湾生态系统监测评价结果

序号	项目	指标	监测结果	得分
1	水环境	溶解氧 /（mg/L）	6.4	14.9
2		pH	8.08	
3		活性磷酸盐 /（mg/L）	0.003	
4		无机氮 /（mg/L）	0.026	
5		石油类 /（mg/L）	0.004	
6	沉积环境	有机碳含量 /×10⁻²	0.88	10.0
7		硫化物含量 /×10⁻⁶	25.0	
8	生物质量	汞 /（mg/kg）	0.008	7.7
9		镉 /（mg/kg）	0.19	
10		铅 /（mg/kg）	0.12	
11		砷 /（mg/kg）	2.13	
12		石油烃 /（mg/kg）	12.79	
13	栖息地	5 年内滨海湿地生境减少 /%	<5.0	10.0
14		沉积物主要组分含量年度变化 /%	48.2	
15	生物群落	浮游植物密度 /（个 /m³）	794.16×10⁴	16.7
16		大型浮游动物密度 /（个 /m³）	168	
17		中、小型浮游动物密度 /（个 /m³）	10 859	
18		大型浮游动物生物量 /（mg/m³）	35.6	
19		鱼卵及仔鱼密度 /（个 /m³）	3.81	
20		底栖动物密度 /（个 /m²）	53	
21		底栖动物生物量 /（g/m²）	14.7	
		生态健康指数		59.3

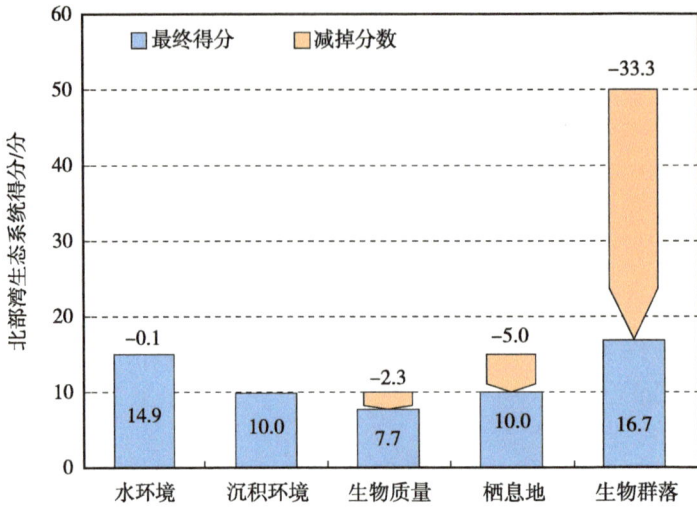

图 3.1-60　2023 年北部湾生态系统监测结果得分情况

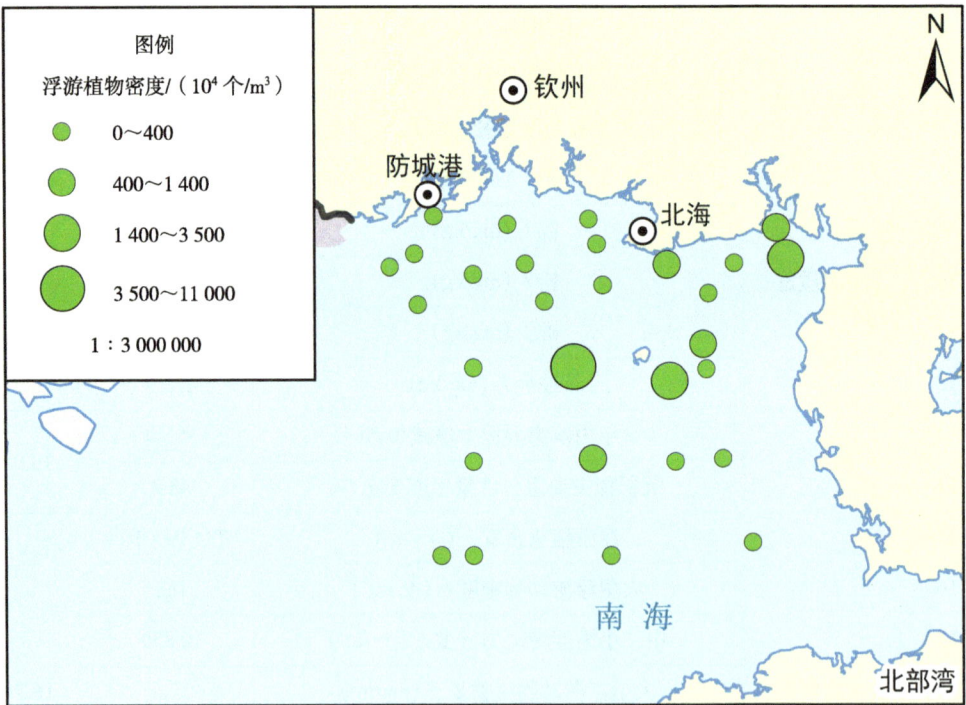

图 3.1-61　2023 年北部湾生态系统浮游植物密度空间分布

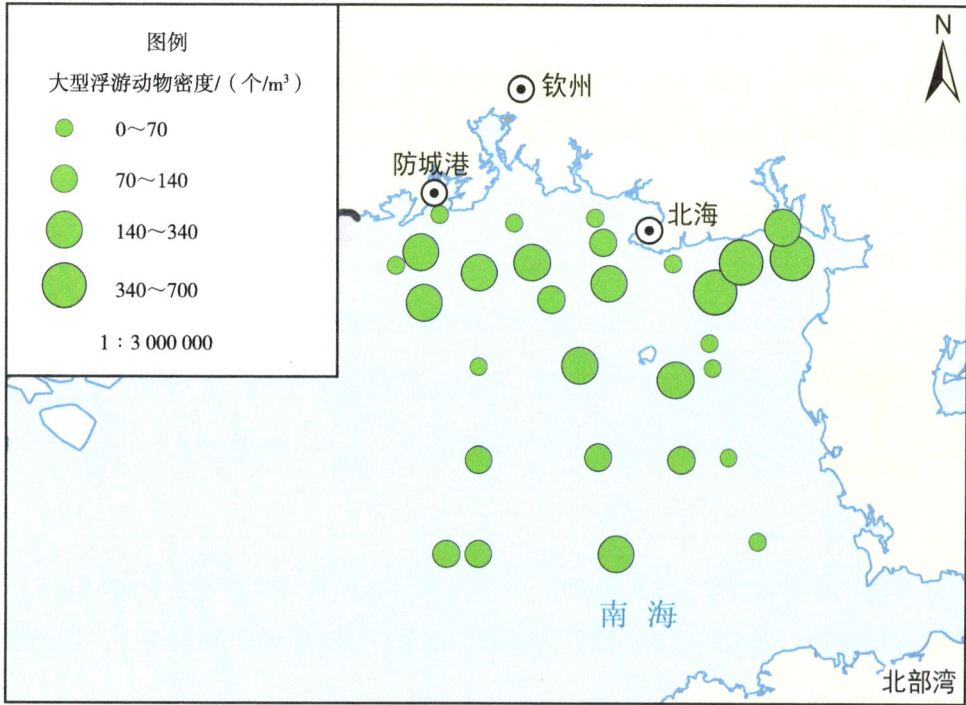

图 3.1-62　2023 年北部湾生态系统大型浮游动物密度空间分布

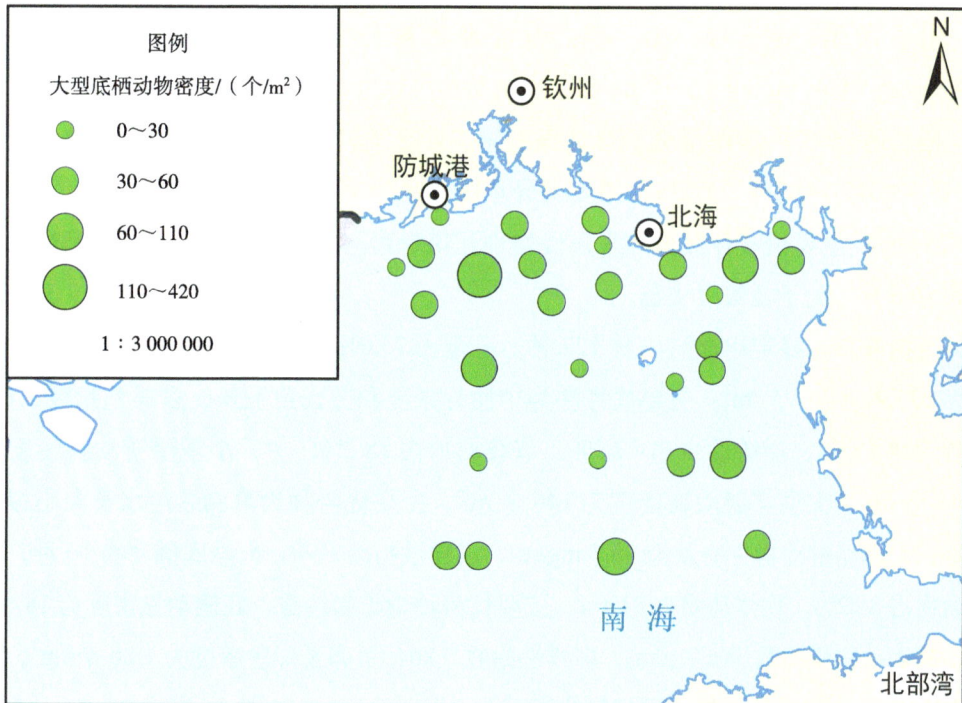

图 3.1-63　2023 年北部湾生态系统大型底栖动物密度空间分布

3.1.3 滩涂湿地生态系统

2023年，苏北浅滩生态系统生态健康指数为68.6，呈亚健康状态。生态系统健康状况同比无变化，生态健康指数上升3.4，见表3.1-18、表3.1-19和图3.1-64～图3.1-67。

表 3.1-18　2022 年和 2023 年苏北浅滩生态系统健康状况变化情况

生态系统名称	年份	健康状况	生态健康指数
苏北浅滩	2023 年	亚健康	68.6
	2022 年	亚健康	65.2
	同比	不变	↑ 3.4

水环境：溶解氧浓度为 6.5 mg/L，pH 为 8.09，活性磷酸盐浓度为 0.007 mg/L，无机氮浓度为 0.155 mg/L，石油类浓度为 0.025 mg/L。水环境得分为 14.7 分，处于健康状态。

沉积环境：有机碳含量为 0.28×10^{-2}，硫化物含量为 3.7×10^{-6}。沉积环境得分为 10.0 分，处于健康状态。

生物质量：汞、镉、铅、砷、石油烃含量分别为 0.006 mg/kg、0.12 mg/kg、0.08 mg/kg、0.48 mg/kg、6.94 mg/kg。生物质量得分为 10.0 分，环境未受到污染。

栖息地：5 年内滨海湿地栖息地面积减少小于 5.0%，沉积物各组分含量分别为 0.0%、47.8%、41.1%、11.1%，主要组分年度变化为 19.5%。现有滩涂植被覆盖面积 289.05 km²，主要植被种类为外来入侵物种互花米草，其次为碱蓬和芦苇。栖息地得分为 10.6 分，处于亚健康状态。

生物群落：鉴定出浮游植物 127 种，硅藻占 75.0%，甲藻占 20.3%，浮游植物密度为 635.91×10^4 个 /m³，主要优势种为中肋骨条藻和劳氏角毛藻，多样性指数 3.17；浮游动物 58 种，浮游幼虫占 27.9%，节肢动物占 38.2%，中、小型浮游动物密度为 4 084 个 /m³，大型浮游动物密度为 146 个 /m³，主要优势种为真刺唇角水蚤和小拟哲水蚤，大型浮游动物生物量为 95.7 mg/m³，多样性指数 1.98；大型底栖动物 16 种，环节动物占 38.2%，软体动物占 31.1%，主要优势种为长吻沙蚕，底栖动物密度为 18 个 /m²，底栖动物生物量为 6.7 g/m²，多样性指数 0.80；鱼卵及仔鱼密度为 1.80 个 /m³。生物群落得分为 23.3 分，处于亚健康状态。

2012—2023 年，苏北浅滩生态系统长期处于亚健康状态。2023 年，苏北滩涂植被覆盖面积 289.05 km^2，主要植被种类为外来入侵物种互花米草，其次为碱蓬和芦苇。

表 3.1-19　2023 年苏北浅滩生态系统监测评价结果

序号	项目	指标	监测结果	得分
1	水环境	溶解氧 /（mg/L）	6.5	14.7
2		pH	8.09	
3		活性磷酸盐 /（mg/L）	0.007	
4		无机氮 /（mg/L）	0.155	
5		石油类 /（mg/L）	0.025	
6	沉积环境	有机碳含量 / ×10^{-2}	0.28	10.0
7		硫化物含量 / ×10^{-6}	3.7	
8	生物质量	汞 /（mg/kg）	0.006	10.0
9		镉 /（mg/kg）	0.12	
10		铅 /（mg/kg）	0.08	
11		砷 /（mg/kg）	0.48	
12		石油烃 /（mg/kg）	6.94	
13	栖息地	5 年内滨海湿地生境减少 /%	<5.0	10.6
14		沉积物主要组分含量年度变化 /%	19.5	
15	生物群落	浮游植物密度 /（个 /m^3）	635.91×10^4	23.3
16		大型浮游动物密度 /（个 /m^3）	146	
17		中、小型浮游动物密度 /（个 /m^3）	4 084	
18		大型浮游动物生物量 /（mg/m^3）	95.7	
19		鱼卵及仔鱼密度 /（个 /m^3）	1.80	
20		底栖动物密度 /（个 /m^2）	18	
21		底栖动物生物量 /（g/m^2）	6.7	
		生态健康指数		68.6

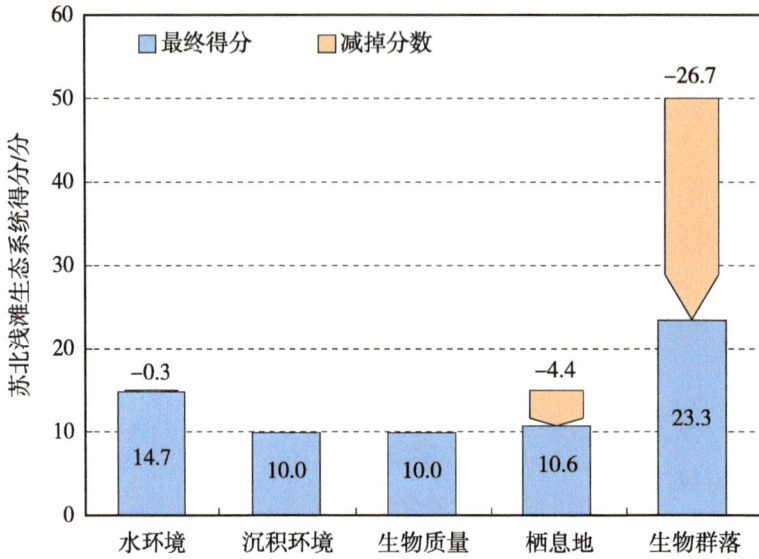

图 3.1-64　2023 年苏北浅滩生态系统监测结果得分情况

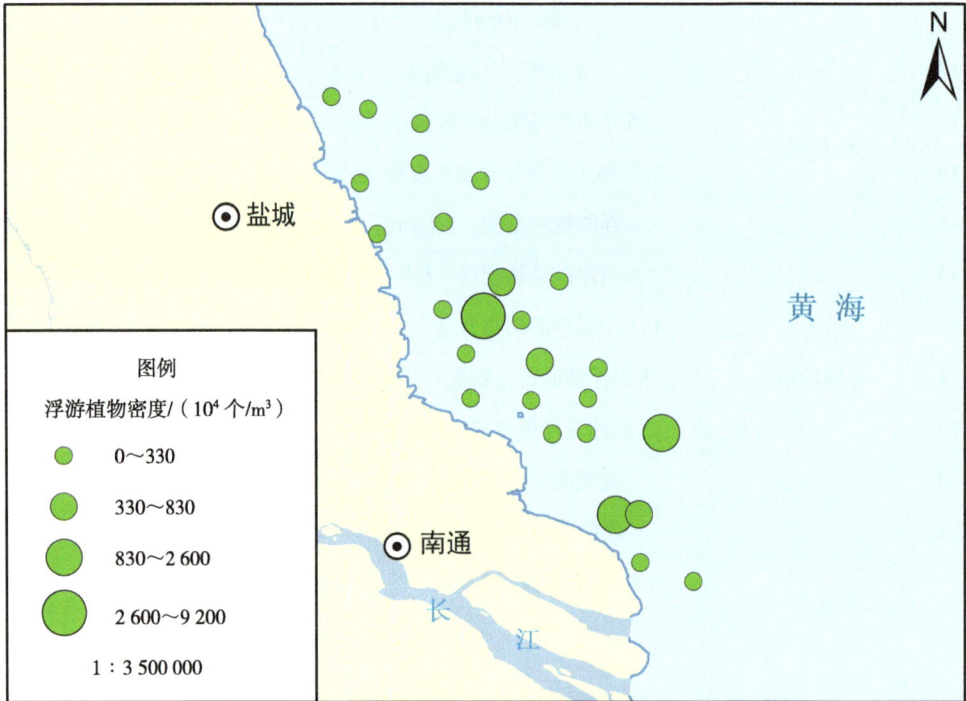

图 3.1-65　2023 年苏北浅滩生态系统浮游植物密度空间分布

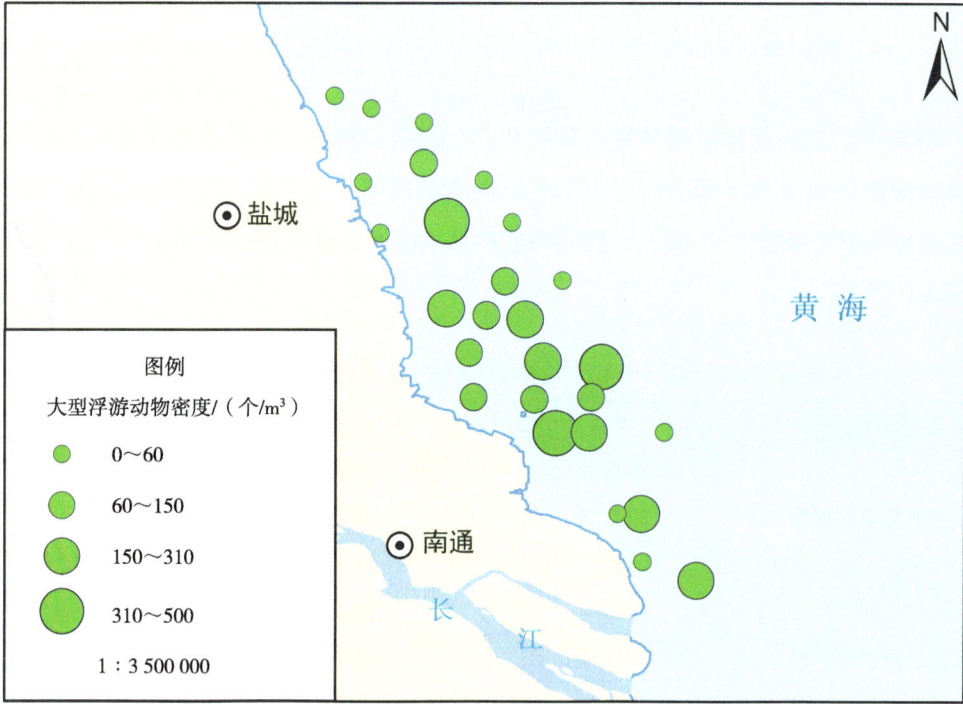

图 3.1-66　2023 年苏北浅滩生态系统大型浮游动物密度空间分布

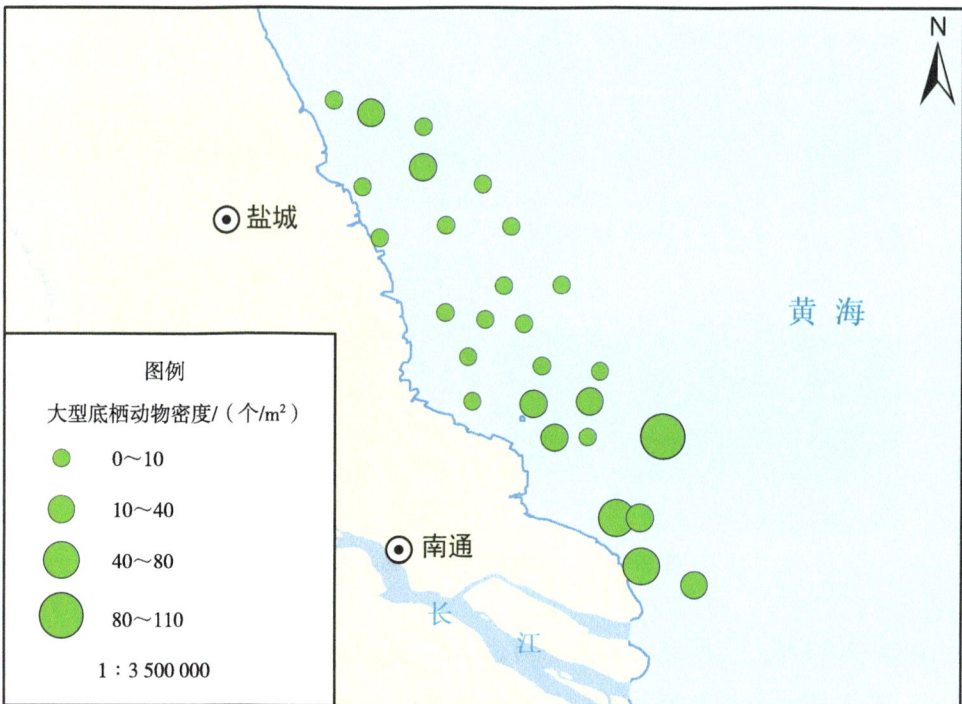

图 3.1-67　2023 年苏北浅滩生态系统大型底栖动物密度空间分布

3.1.4　红树林生态系统

2023 年，广西北海红树林生态系统和北仑河口红树林生态系统均呈健康状态，生态健康指数分别为 79.6 和 78.1。生态系统健康状况同比无变化，其中，北仑河口红树林生态系统健康指数上升 0.3，广西北海红树林生态系统健康指数下降 5.4，见表 3.1-20 和图 3.1-68。

表 3.1-20　2022 年和 2023 年红树林生态系统健康状况变化情况

生态系统名称	年份	健康状况	生态健康指数
广西北海红树林	2023 年	健康	79.6
	2022 年	健康	85.0
	同比	不变	↓ 5.4
北仑河口红树林	2023 年	健康	78.1
	2022 年	健康	77.8
	同比	不变	↑ 0.3

图 3.1-68　开展监测的红树林生态系统

2012—2023 年，广西北海和北仑河口 2 个红树林生态系统整体保持健康状态。2023 年，广西北海红树林密度较上年增长 18.3%，底栖动物密度增长 17.9%；北仑河口红树林覆盖度较上年增长 6.3%，底栖动物密度增长 68%。

3.1.4.1　广西北海红树林生态系统

2023 年，广西北海红树林生态系统生态健康指数为 79.6，呈健康状态，见表 3.1-21 和图 3.1-69、图 3.1-70。

水环境：盐度为 24.0‰，pH 为 7.95，无机氮浓度为 0.318 mg/L，活性磷酸盐浓度为 0.027 mg/L。水环境得分为 11.9 分，处于健康状态。

生物质量：汞、镉、铅、砷、石油烃含量分别为 0.01 mg/kg、0.87 mg/kg、0.14 mg/kg、1.85 mg/kg、9.63 mg/kg。生物质量得分为 12.7 分，环境未受到污染。

栖息地：5 年内红树林面积增长 1.7%。栖息地得分为 20.0 分，处于健康状态。

生物群落：鉴定出红树植物 5 种，主要优势种为桐花树和秋茄；红树林覆盖度为 91.1%，5 年内覆盖度增长 21.5%；红树林密度为 163 株 /100 m²，5 年内红树林密度增加 96.4 株 /100 m²；大型底栖动物 32 种，软体动物占 52.1%，节肢动物占 40.8%，主要优势种为扁平拟闭口蟹和吉氏胀蟹，底栖动物密度为 155 个 /m²，底栖动物生物量为 126.0 g/m²；病害发生面积为 6.2 km²，占比 0.8%。生物群落得分为 35.0 分，处于健康状态。自 2016 年起，广西北海红树林密度稳中有升，底栖动物密度和生物量呈波动状态。

表 3.1-21　2023 年北海红树林生态系统监测评价结果

序号	项目	指标	监测结果	得分
1	水环境	pH	7.95	11.9
2		活性磷酸盐 /（mg/L）	0.027	
3		无机氮 /（mg/L）	0.318	
4	生物质量	汞 /（mg/kg）	0.01	12.7
5		镉 /（mg/kg）	0.87	
6		铅 /（mg/kg）	0.14	
7		砷 /（mg/kg）	1.85	
8		石油烃 /（mg/kg）	9.63	
9	栖息地	5 年内红树林面积变化 /%	+1.7	20.0
10	生物群落	5 年内红树林覆盖度变化 /%	+21.5	35.0
11		5 年内红树林密度变化 /（株 /100 m²）	+96.4	
12		底栖动物密度 /（个 /m²）	155	
13		底栖动物生物量 /（g/m²）	126.0	
		生态健康指数		79.6

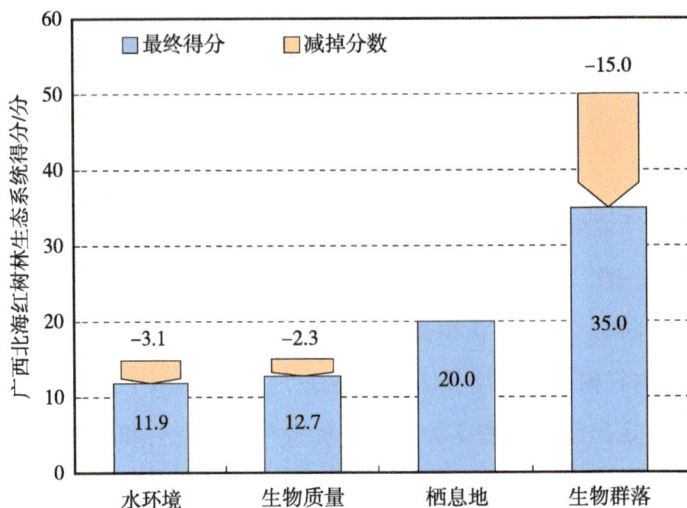

图 3.1-69 2023 年广西北海红树林生态系统监测结果得分情况

图 3.1-70 2015—2023 年广西北海红树林密度、底栖动物密度和底栖动物生物量变化情况

3.1.4.2 北仑河口红树林生态系统

2023 年，北仑河口红树林生态系统生态健康指数为 78.1，呈健康状态，见表 3.1-22 和图 3.1-71。

水环境：盐度为 20.2‰，pH 为 7.71，无机氮浓度为 0.382 mg/L，活性磷酸盐浓度为 0.034 mg/L。水环境得分为 9.6 分，处于亚健康状态。

生物质量：汞、镉、铅、砷、石油烃含量分别为 0.01 mg/k、0.11 mg/k、0.08 mg/k、1.95 mg/k、7.80 mg/kg。生物质量得分为 13.5 分，环境未受到污染。

栖息地：5 年内红树林面积增长 1.7%。栖息地得分为 20.0 分，处于健康状态。

生物群落：鉴定出红树植物 4 种，主要优势种为桐花树和秋茄；红树林覆盖度为 77.6%，5 年内覆盖度增长 2.0%；红树林密度为 221.6 株 /100 m²，5 年内红树林密度增加 93.0 株 /100 m²；大型底栖动物 23 种，软体动物占 61.8%，节肢动物占 31.1%，主要优势种为斜肋齿蜷和疏纹满月蛤，底栖动物密度为 151 个 /m²，底栖动物生物量为 90.1 g/m²。生物群落得分为 35.0 分，处于健康状态。

表 3.1-22   2023 年北仑河口红树林生态系统监测评价结果

序号	项目	指标	监测结果	得分
1	水环境	pH	7.71	9.6
2		无机氮 / (mg/L)	0.382	
3		活性磷酸盐 / (mg/L)	0.034	
4	生物质量	汞 / (mg/kg)	0.01	13.5
5		镉 / (mg/kg)	0.11	
6		铅 / (mg/kg)	0.08	
7		砷 / (mg/kg)	1.95	
8		石油烃 / (mg/kg)	7.80	
9	栖息地	5 年内红树林面积变化 /%	+1.7	20.0
10	生物群落	5 年内红树林覆盖度变化 /%	+2.0	35.0
11		5 年内红树林密度变化 / (株 /100 m²)	+93.0	
12		底栖动物密度 / (个 /m²)	151	
13		底栖动物生物量 / (g/m²)	90.1	
生态健康指数				78.1

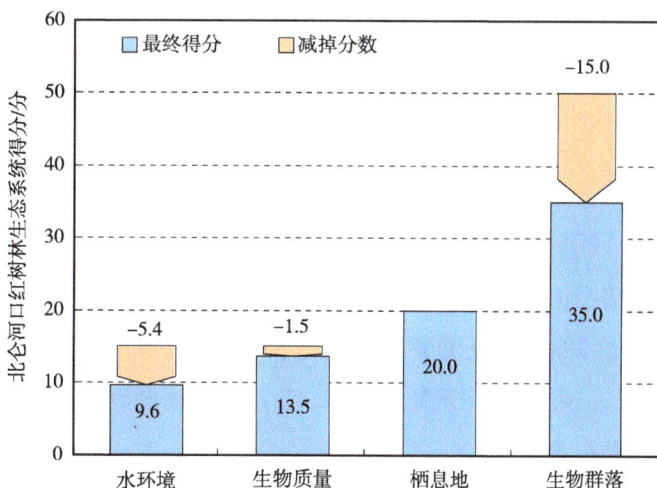

图 3.1-71   2023 年北仑河口红树林生态系统监测结果得分情况

3.1.5 珊瑚礁生态系统

2023 年，监测的 4 个珊瑚礁生态系统均呈健康状态，生态健康指数平均为 88.9，范围在 83.1～97.6，其中，西沙珊瑚礁生态系统最高，雷州半岛西南沿岸珊瑚礁生态系统最低。生态系统健康状况同比无变化，生态健康指数与上一年相比平均下降 2.6，其中，雷州半岛西南沿岸珊瑚礁生态系统呈上升状态，上升 3.5，海南东海岸珊瑚礁生态系统下降最多，下降 10.3，见表 3.1-23。

表 3.1-23　2022 年和 2023 年珊瑚礁生态系统健康状况变化情况

生态系统名称	年份	健康状况	生态健康指数
雷州半岛西南沿岸珊瑚礁	2023 年	健康	83.1
	2022 年	健康	79.6
	同比	不变	↑ 3.5
广西北海珊瑚礁	2023 年	健康	89.2
	2022 年	健康	92.0
	同比	不变	↓ 2.8
海南东海岸珊瑚礁	2023 年	健康	85.8
	2022 年	健康	96.1
	同比	不变	↓ 10.3
西沙珊瑚礁	2023 年	健康	97.6
	2022 年	健康	98.4
	同比	不变	↓ 0.8
珊瑚礁生态系统	2023 年	4 个健康	88.9
	2022 年	4 个健康	91.5
	同比	不变	↓ 2.6

2012—2023 年，监测的 4 个珊瑚礁生态系统呈健康或亚健康状态，2019—2023 年，健康状况有所好转，逐步转为健康状况。2023 年，监测的珊瑚礁生态系统全部呈健康状态。雷州半岛西南沿岸珊瑚礁珊瑚种类和活珊瑚盖度较为稳定；广西北海珊瑚礁活珊瑚盖度较上年增长 29.6%，硬珊瑚补充量增长 94.1%；海南东海岸珊瑚礁活珊瑚盖度较上年增长 19.1%，硬珊瑚补充量增长 52.4%；西沙珊瑚礁活珊瑚盖度较上年增长 9.7%，珊瑚礁鱼类种类丰富。

3.1.5.1 雷州半岛西南沿岸珊瑚礁生态系统

2023 年，雷州半岛西南沿岸珊瑚礁生态系统生态健康指数为 83.1，呈健康状态，见表 3.1-24 和图 3.1-72。

水环境：pH 为 8.0，悬浮物浓度为 20.0 mg/L，活性磷酸盐浓度为 0.002 mg/L，无机氮浓度为 0.094 mg/L，叶绿素 a 浓度为 2.54 μg/L。水环境得分为 11.8 分，处于健康状态。

生物质量：汞、镉、铅、砷、石油烃含量分别为 0.02 mg/kg、3.72 mg/kg、0.08 mg/kg、0.36 mg/kg、8.76 mg/kg。生物质量得分为 13.0 分，环境未受到污染。

栖息地：大型底栖藻类盖度为 0.39%，活珊瑚盖度为 10.1%，5 年内增长 3.11%。栖息地得分为 20.0 分，处于健康状态。

生物群落：珊瑚死亡率为 0.6%，5 年内增长 0.1%，珊瑚病害发生率 9.5%，硬珊瑚补充量 2.07 个 /m²，活珊瑚种类 10.7 种，5 年内增长 46.6%。生物群落得分为 38.3 分，处于健康状态。

表 3.1-24　2023 年雷州半岛西南沿岸珊瑚礁生态系统监测评价结果

序号	项目	指标	监测结果	得分
1	水环境	pH	8.0	11.8
2		悬浮物 /（mg/L）	20.0	
3		活性磷酸盐 /（mg/L）	0.002	
4		无机氮 /（mg/L）	0.094	
5		叶绿素 a/（μg/L）	2.54	
6	生物质量	汞 /（mg/kg）	0.02	13.0
7		镉 /（mg/kg）	3.72	
8		铅 /（mg/kg）	0.08	
9		砷 /（mg/kg）	0.36	
10		石油烃 /（mg/kg）	8.76	
11	栖息地	大型底栖藻类盖度 /%	0.39	20.0
12		5 年内活珊瑚盖度变化 /%	+3.11	
13	生物群落	5 年内珊瑚死亡率变化 /%	+0.1	38.3
14		珊瑚病害 /%	9.5	
15		硬珊瑚补充量 /（个 /m²）	2.07	
16		5 年内活珊瑚种类变化 /%	+46.6	
		生态健康指数		83.1

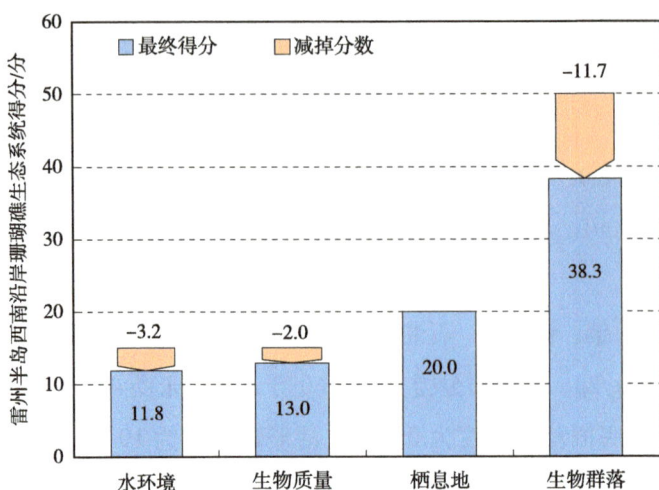

图 3.1-72　2023 年雷州半岛西南沿岸珊瑚礁生态系统监测结果得分情况

3.1.5.2　广西北海珊瑚礁生态系统

2023 年，广西北海珊瑚礁生态系统生态健康指数为 89.2，呈健康状态，见表 3.1-25 和图 3.1-73。

水环境：pH 为 8.27，悬浮物浓度为 2.1 mg/L，活性磷酸盐浓度为 0.002 mg/L，无机氮浓度为 0.014 mg/L，叶绿素 a 浓度为 1.72 μg/L。水环境得分为 13.5 分，处于健康状态。

生物质量：汞、镉、铅、砷、石油烃含量分别为 0.01 mg/kg、4.95 mg/kg、0.10 mg/kg、7.03 mg/kg、6.50 mg/kg。生物质量得分为 11.0 分，环境未受到污染。

栖息地：大型底栖藻类盖度为 0.0%，活珊瑚盖度为 25.9%，5 年内减少 2.30%。栖息地得分为 20.0 分，处于健康状态。

生物群落：珊瑚死亡率为 0.0%，5 年内减少 0.2%，珊瑚病害发生率 10.8%，硬珊瑚补充量 6.57 个 /m²，活珊瑚种类 26 种，5 年内减少 1%，珊瑚礁鱼类密度为 537 尾 /100 m²，5 年内增加 24 尾 /100 m²。生物群落得分为 44.7 分，处于健康状态。

表 3.1-25　2023 年广西北海珊瑚礁生态系统监测评价结果

序号	项目	指标	监测结果	得分
1	水环境	pH	8.27	13.5
2		悬浮物 /（mg/L）	2.1	
3		活性磷酸盐 /（mg/L）	0.002	
4		无机氮 /（mg/L）	0.014	
5		叶绿素 a/（μg/L）	1.72	

序号	项目	指标	监测结果	得分
6	生物质量	汞 /（mg/kg）	0.01	11.0
7		镉 /（mg/kg）	4.95	
8		铅 /（mg/kg）	0.10	
9		砷 /（mg/kg）	7.03	
10		石油烃 /（mg/kg）	6.50	
11	栖息地	大型底栖藻类盖度 /%	0.0	20.0
12		5 年内活珊瑚盖度变化 /%	−2.30	
13	生物群落	5 年内珊瑚死亡率变化 /%	−0.2	44.7
14		珊瑚病害 /%	10.8	
15		硬珊瑚补充量 /（个 /m²）	6.57	
16		5 年内活珊瑚种类变化 /%	−1	
17		5 年内珊瑚礁鱼类密度变化 /（尾 /100 m²）	+24	
生态健康指数				89.2

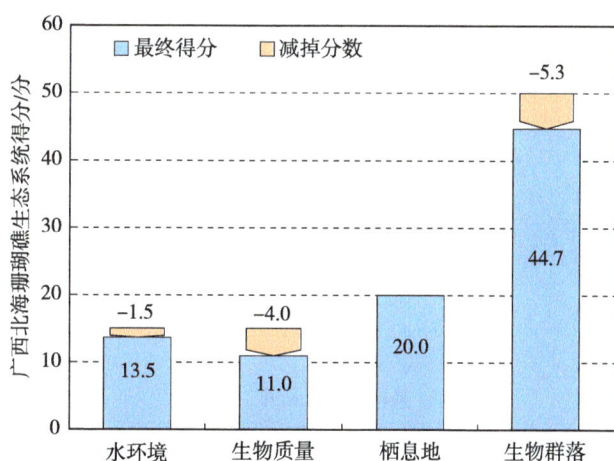

图 3.1-73　2023 年广西北海珊瑚礁生态系统监测结果得分情况

3.1.5.3　海南东海岸珊瑚礁生态系统

2023 年，海南东海岸珊瑚礁生态系统生态健康指数为 85.8，呈健康状态，见表 3.1-26、图 3.1-74 和图 3.1-75。

水环境：pH 为 8.13，悬浮物浓度为 1.4 mg/L，活性磷酸盐浓度为 0.004 mg/L，无机氮浓度为 0.078 mg/L，叶绿素 a 浓度为 1.53 μg/L。水环境得分为 13.6 分，处于健康状态。

生物质量：汞、镉、铅、砷、石油烃含量分别为 0.20 mg/kg、0.01 mg/kg、0.03 mg/kg、2.57 mg/kg、6.2 mg/kg。生物质量得分为 12.6 分，环境未受到污染。

栖息地：大型底栖藻类盖度为 3.4%，活珊瑚盖度为 18.7%，5 年内增长 3.9%。栖息地得分为 19.4 分，处于健康状态。鹿回头、西岛、蜈支洲岛、龙湾、铜鼓岭、长圮湾、亚龙湾、大东海、小东海和红塘湾的大型底栖藻类盖度分别为 0.0%、2.5%、0.0%、19.0%、1.0%、2.0%、0.0%、0.5%、4.0% 和 4.0%，龙湾大型底栖藻类盖度最高，鹿回头、蜈支洲岛和亚龙湾均未发现大型底栖藻类。鹿回头、西岛、蜈支洲岛、龙湾、铜鼓岭、长圮湾、亚龙湾、大东海、小东海和红塘湾的活珊瑚盖度分别为 22.5%、12.0%、32.0%、3.5%、33.5%、9.0%、24.0%、12.0%、11.5% 和 25.5%，铜鼓岭活珊瑚盖度最高，龙湾活珊瑚盖度最低。自 2016 年起，海南东海岸珊瑚种类呈上升趋势，活珊瑚盖度保持稳定。

生物群落：珊瑚死亡率为 0.2%，5 年内减少 0.5%，珊瑚病害发生率 0.1%，硬珊瑚补充量 3.2 个 /m²，活珊瑚种类 28 种，5 年内增加 13 种，珊瑚礁鱼类密度为 36.1 尾 /100 m²，5 年内减少 16.8 尾 /100 m²。生物群落得分为 40.2 分，处于健康状态。鹿回头、西岛、蜈支洲岛、龙湾、铜鼓岭、长圮湾、亚龙湾、大东海、小东海和红塘湾的硬珊瑚补充量分别为 4.4 个 /m²、4.5 个 /m²、6.0 个 /m²、0.5 个 /m²、0.6 个 /m²、1.2 个 /m²、5.6 个 /m²、5.0 个 /m²、3.4 个 /m² 和 0.7 个 /m²，蜈支洲岛硬珊瑚补充量最高，龙湾硬珊瑚补充量最低。

表 3.1-26　2023 年海南东海珊瑚礁生态系统监测评价结果

序号	项目	指标	监测结果	得分
1	水环境	pH	8.13	13.6
2		悬浮物 /（mg/L）	1.4	
3		活性磷酸盐 /（mg/L）	0.004	
4		无机氮 /（mg/L）	0.078	
5		叶绿素 a/（μg/L）	1.53	
6	生物质量	汞 /（mg/kg）	0.20	12.6
7		镉 /（mg/kg）	0.01	
8		铅 /（mg/kg）	0.03	
9		砷 /（mg/kg）	2.57	
10		石油烃 /（mg/kg）	6.2	

续表

序号	项目	指标	监测结果	得分
11	栖息地	大型底栖藻类盖度 /%	3.4	19.4
12		5 年内活珊瑚盖度变化 /%	+3.9	
13	生物群落	5 年内珊瑚死亡率变化 /%	−0.5	40.2
14		珊瑚病害 /%	0.1	
15		硬珊瑚补充量 /（个 /m²）	3.2	
16		5 年内活珊瑚种类变化 / 种	+13	
17		5 年内珊瑚礁鱼类密度变化 /（尾 /100 m²）	−16.8	
生态健康指数				85.8

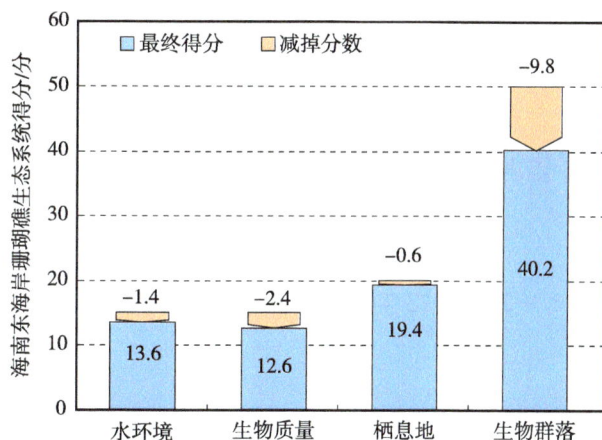

图 3.1-74　2023 年海南东海岸珊瑚礁生态系统监测结果得分情况

图 3.1-75　2016—2023 年海南东海岸珊瑚礁生态系统珊瑚种类、
珊瑚盖度和珊瑚礁鱼类变化情况

3.1.5.4 西沙珊瑚礁生态系统

2023 年，西沙珊瑚礁生态系统生态健康指数为 97.6，呈健康状态，见表 3.1-27、图 3.1-76～图 3.1-78。

水环境：pH 为 8.19，悬浮物浓度为 1.0 mg/L，活性磷酸盐浓度为 0.002 mg/L，无机氮浓度为 0.028 mg/L，叶绿素 a 浓度为 0.08 μg/L。水环境得分为 15.0 分，处于健康状态。

生物质量：汞、镉、铅、砷、石油烃含量分别为 0.09 mg/kg、0.01 mg/kg、0.05 mg/kg、3.19 mg/kg、5.85 mg/kg。生物质量得分为 12.6 分，环境未受到污染。

栖息地：大型底栖藻类盖度为 0.1%，活珊瑚盖度为 21.5%，5 年内增长 7.2%。栖息地得分为 20.0 分，处于健康状态。自 2016 年起，西沙珊瑚礁种类和活珊瑚盖度呈上升趋势。

生物群落：珊瑚死亡率为 0.6%，5 年内减少 6.3%，监测区域未发现珊瑚病害发生，硬珊瑚补充量 5.0 个 /m²，活珊瑚种类 48 种，5 年内增加 28 种，珊瑚礁鱼类密度为 184.9 尾 /100 m²，5 年内增加 92.8 尾 /100 m²。生物群落得分为 50.0 分，处于健康状态。

表 3.1-27　2023 年西沙珊瑚礁生态系统监测评价结果

序号	项目	指标	监测结果	得分
1	水环境	pH	8.19	15.0
2		悬浮物 /（mg/L）	1.0	
3		活性磷酸盐 /（mg/L）	0.002	
4		无机氮 /（mg/L）	0.028	
5		叶绿素 a/（μg/L）	0.08	
6	生物质量	汞 /（mg/kg）	0.09	12.6
7		镉 /（mg/kg）	0.01	
8		铅 /（mg/kg）	0.05	
9		砷 /（mg/kg）	3.19	
10		石油烃 /（mg/kg）	5.85	
11	栖息地	大型底栖藻类盖度 /%	0.1	20.0
12		5 年内活珊瑚盖度变化 /%	+7.2	
13	生物群落	5 年内珊瑚死亡率变化 /%	−6.3	50.0
14		珊瑚病害 /%	0	
15		硬珊瑚补充量 /（个 /m²）	5.0	
16		5 年内活珊瑚种类变化 / 种	+28	
17		5 年内珊瑚礁鱼类密度变化 /（尾 /100 m²）	+92.8	
		生态健康指数		97.6

图 3.1-76 2023 年西沙珊瑚礁生态系统监测结果得分情况

图 3.1-77 2016—2023 年西沙珊瑚礁生态系统珊瑚种类、珊瑚盖度和珊瑚礁鱼类变化情况

图 3.1-78 开展监测的珊瑚礁生态系统

3.1.6　海草床生态系统

2023年，监测的海南东海岸海草床生态系统、广西北海海草床生态系统分别呈亚健康和健康状态，生态健康指数分别为74.8和83.2。海草床生态系统健康状况同比无变化，生态健康指数平均上升4.0，其中，海南东海岸海草床生态系统上升1.3，广西北海海草床生态系统上升6.7，见表3.1-28。

表3.1-28　2022年和2023年海草床生态系统健康状况变化情况

生态系统名称	年份	健康状况	生态健康指数
海南东海岸海草床	2023年	亚健康	74.8
	2022年	亚健康	73.5
	同比	不变	↑ 1.3
广西北海海草床	2023年	健康	83.2
	2022年	健康	76.5
	同比	不变	↑ 6.7

2012—2023年，监测的海南东海岸海草床生态系统、广西北海海草床生态系统以健康状态为主。2023年，海南东海岸海草床生态系统健康状况整体无变化，均呈亚健康状态；广西北海海草床生态系统健康状况整体无变化，均呈健康状态。广西北海海草床海草平均密度为4 452株/m^2，较上年增长211.4%；海南东海岸海草床海草平均密度为575株/m^2，较上年增长60.5%。

3.1.6.1　海南东海岸海草床生态系统

2023年，海南东海岸海草床生态系统生态健康指数为74.8，呈亚健康状态，见表3.1-29、图3.1-79～图3.1-81。

水环境：水体透光率为23.9%，盐度为33.0‰，悬浮物浓度为5.0 mg/L，活性磷酸盐浓度为0.018 mg/L，无机氮浓度为0.060 mg/L。水环境得分为12.8分，处于健康状态。

沉积环境：有机碳含量为1.04×10^{-2}，硫化物含量为1.82×10^{-6}。沉积环境得分为8.2分，处于健康状态。沉积物各组分砾、砂、粉砂、黏土含量分别为31.5%、66.8%、1.59%、0.10%。

生物质量：汞、镉、铅、砷、石油烃含量分别为0.068 mg/kg、0.01 mg/kg、0.02 mg/kg、5.30 mg/kg、4.65 mg/kg。生物质量得分为8.2分，环境未受到污染。

栖息地：海草分布面积为 1 917.8 hm²，5 年内减少 10.6%。沉积物主要组分年度变化为 27.2%。栖息地得分为 5.6 分，处于不健康状态。

生物群落：海草盖度为 33.0%，5 年内增长 8.0%，海草生物量为 630.2 g/m²，5 年内增长 51.6%，海草密度为 575 株/m²，5 年内增长 23.4%，底栖动物生物量为 71.0 g/m²，5 年内减少 85.0%。生物群落得分为 40.0 分，处于健康状态。自 2016 年起，海南东海岸海草盖度稳中有升，海草密度和底栖动物生物量呈下降趋势。

表 3.1-29　2023 年海南东海岸海草床生态系统监测评价结果

序号	项目	指标	监测结果	得分
1	水环境	透光率 /%	23.9	12.8
2		盐度 /‰	33.0	
3		悬浮物 /（mg/L）	5.0	
4		活性磷酸盐 /（mg/L）	0.018	
5		无机氮 /（mg/L）	0.060	
6	沉积环境	有机碳含量 /×10⁻²	1.04	8.2
7		硫化物含量 /×10⁻⁶	1.82	
8	生物质量	汞 /（mg/kg）	0.068	8.2
9		镉 /（mg/kg）	0.01	
10		铅 /（mg/kg）	0.02	
11		砷 /（mg/kg）	5.30	
12		石油烃 /（mg/kg）	4.65	
13	栖息地	5 年内海草分布面积变化 /%	−10.6	5.6
14		沉积物主要组分含量年度变化 /%	27.2	
15	生物群落	5 年内海草盖度变化 /%	+8.0	40.0
16		5 年内海草生物量变化 /%	+51.6	
17		5 年内海草密度变化 /%	+23.4	
18		5 年内底栖动物生物量变化 /%	−85.0	
		生态健康指数		74.8

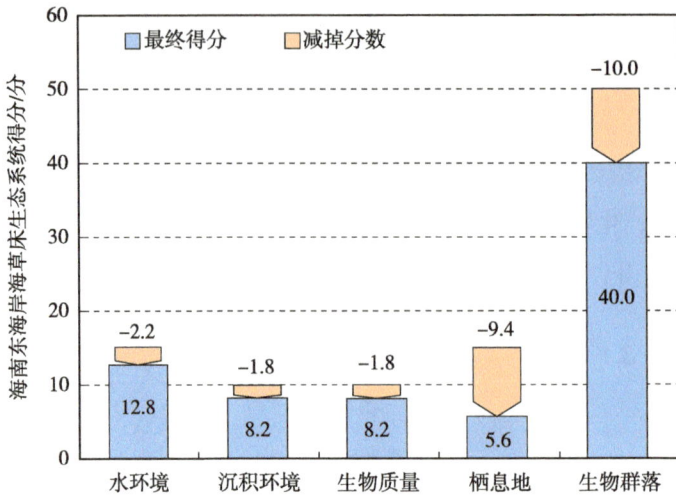

图 3.1-79　2023 年海南东海岸海草床生态系统监测结果得分情况

图 3.1-80　2016—2023 年海南东海岸海草床生态系统海草盖度、海草密度和大型底栖动物变化情况

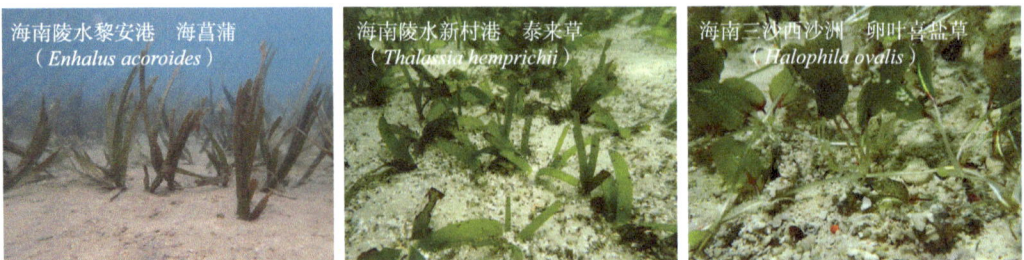

图 3.1-81　开展监测的海草床生态系统

3.1.6.2 广西北海海草床生态系统

2023 年，广西北海海草床生态系统生态健康指数为 83.2，呈健康状态，见表 3.1-30、图 3.1-82 和图 3.1-83。

水环境：盐度年际变化为 1.7‰，悬浮物浓度为 ＜4.8 mg/L，活性磷酸盐浓度为 0.001 mg/L，无机氮浓度为 0.042 mg/L。水环境得分为 13.8 分，处于健康状态。

沉积环境：有机碳含量为 $0.15×10^{-2}$，硫化物含量为 $5.76×10^{-6}$。沉积环境得分为 10.0 分，处于健康状态。沉积物各组分砾、砂、粉砂、黏土含量分别为 0.0%、29.9%、52.5%、17.6%。

生物质量：汞、镉、铅、砷、石油烃含量分别为 0.008 mg/kg、0.12 mg/kg、0.10 mg/kg、2.10 mg/kg、8.10 mg/kg。生物质量得分为 8.5 分，环境未受到污染。

栖息地：海草分布面积为 48.08 hm²，5 年内增长了 404.5%。沉积物主要组分年度变化为 54.1%。栖息地得分为 10.9 分，处于健康状态。

生物群落：海草盖度为 35.2%，5 年内增长 10.6%，海草生物量为 14.1 g/m²，5 年内增长 43.9%，海草密度为 4 452 株/m²，5 年内增长 55.0%，底栖动物生物量为 100.6 g/m²，5 年内减少 61.7%。生物得分为 40.0 分，处于健康状态。自 2016 年起，广西北海海草盖度和海草密度呈上升趋势，底栖动物生物量基本稳定。

表 3.1-30　2023 年广西北海海草床生态系统监测评价结果

序号	项目	指标	监测结果	得分
1	水环境	悬浮物 /（mg/L）	＜4.8	13.8
2		活性磷酸盐 /（mg/L）	0.001	
3		无机氮 /（mg/L）	0.042	
4	沉积环境	有机碳含量 /×10⁻²	0.15	10.0
5		硫化物含量 /×10⁻⁶	5.76	
6	生物质量	汞 /（mg/kg）	0.008	8.5
7		镉 /（mg/kg）	0.12	
8		铅 /（mg/kg）	0.10	
9		砷 /（mg/kg）	2.10	
10		石油烃 /（mg/kg）	8.10	
11	栖息地	5 年内海草分布面积变化 /%	+404.5	10.9
12		沉积物主要组分含量年度变化 /%	54.1	

续表

序号	项目	指标	监测结果	得分
13	生物群落	5 年内海草盖度变化 /%	+10.6	40.0
14		5 年内海草生物量变化 /%	+43.9	
15		5 年内海草密度变化 /%	+55.0	
16		5 年内底栖动物生物量变化 /%	−61.7	
		生态健康指数		83.2

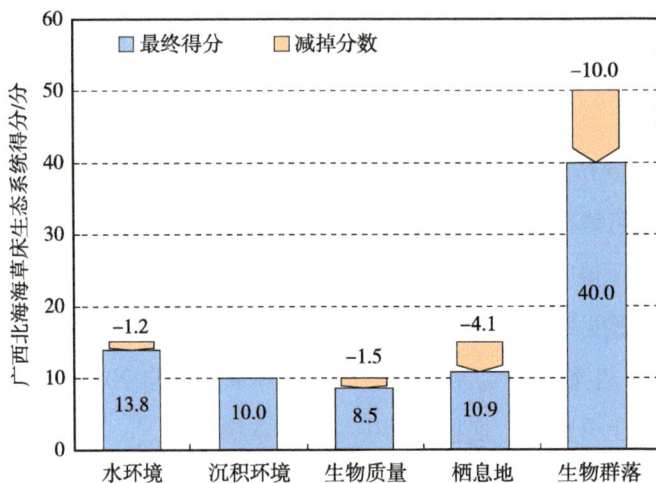

图 3.1-82　2023 年广西北海海草床生态系统监测结果得分情况

图 3.1-83　2016—2023 年广西北海海草床生态系统海草盖度、
海草密度和底栖动物生物量变化情况

3.2 海洋自然保护地

2023 年，对 10 处涉及海洋的国家级自然保护区开展生态环境状况等级评价①，其中，辽宁大连斑海豹国家级自然保护区、山东黄河三角洲国家级自然保护区、广东惠东港口海龟国家级自然保护区、广东湛江红树林国家级自然保护区和广西合浦儒艮国家级自然保护区 5 处国家级自然保护区生态环境状况等级为Ⅰ级，整体状况优良；江苏盐城湿地珍禽国家级自然保护区、上海九段沙湿地国家级自然保护区、广东徐闻珊瑚礁国家级自然保护区、广西山口红树林生态国家级自然保护区和广西北仑河口国家级自然保护区 5 处国家级自然保护区生态环境状况等级为Ⅱ级，整体状况一般。

2022 年和 2023 年均开展监测的 7 处保护区中，广东徐闻珊瑚礁和广西北仑河口 2 处国家级自然保护区生态环境状况由Ⅰ级下降至Ⅱ级，山东黄河三角洲国家级自然保护区生态环境状况由Ⅱ级提升至Ⅰ级，辽宁大连斑海豹、江苏盐城湿地珍禽、广西山口红树林生态和广西合浦儒艮 4 处国家级自然保护区生态环境状况保持稳定，其中，辽宁大连斑海豹和广西合浦儒艮 2 处国家级自然保护区生态环境状况为Ⅰ级，江苏盐城湿地珍禽和广西山口红树林生态 2 处国家级自然保护区生态环境状况为Ⅱ级，见图 3.2-1。

3.2.1 辽宁大连斑海豹国家级自然保护区

辽宁大连斑海豹国家级自然保护区始建于 1992 年，1997 年晋升为国家级自然保护区，位于大连市复州湾长兴岛附近海域，主要保护对象为斑海豹及其生境（图 3.2-2）。

2023 年，保护区生态环境状况等级为Ⅰ级，整体状况优良。2023 年 4 月，监测到主要保护对象国家一级保护动物斑海豹个体数量 262 头次，同比有所增加。保护区自然滨海湿地面积占比、自然岸线长度和自然生态系统被侵占面积基本保持稳定。

---

① 根据《自然保护区生态环境保护成效评估标准（试行）》，自然保护区的生态环境状况分为三个级别：

Ⅰ级：保护区的主要保护对象、生态系统结构、生态系统服务、水环境质量整体优良，主要威胁因素、违法违规情况管控成效显著；

Ⅱ级：保护区的主要保护对象、生态系统结构、生态系统服务、水环境质量整体一般，主要威胁因素、违法违规情况管控成效一般；

Ⅲ级：保护区的主要保护对象、生态系统结构、生态系统服务、水环境质量整体较差，主要威胁因素、违法违规情况管控成效较差。

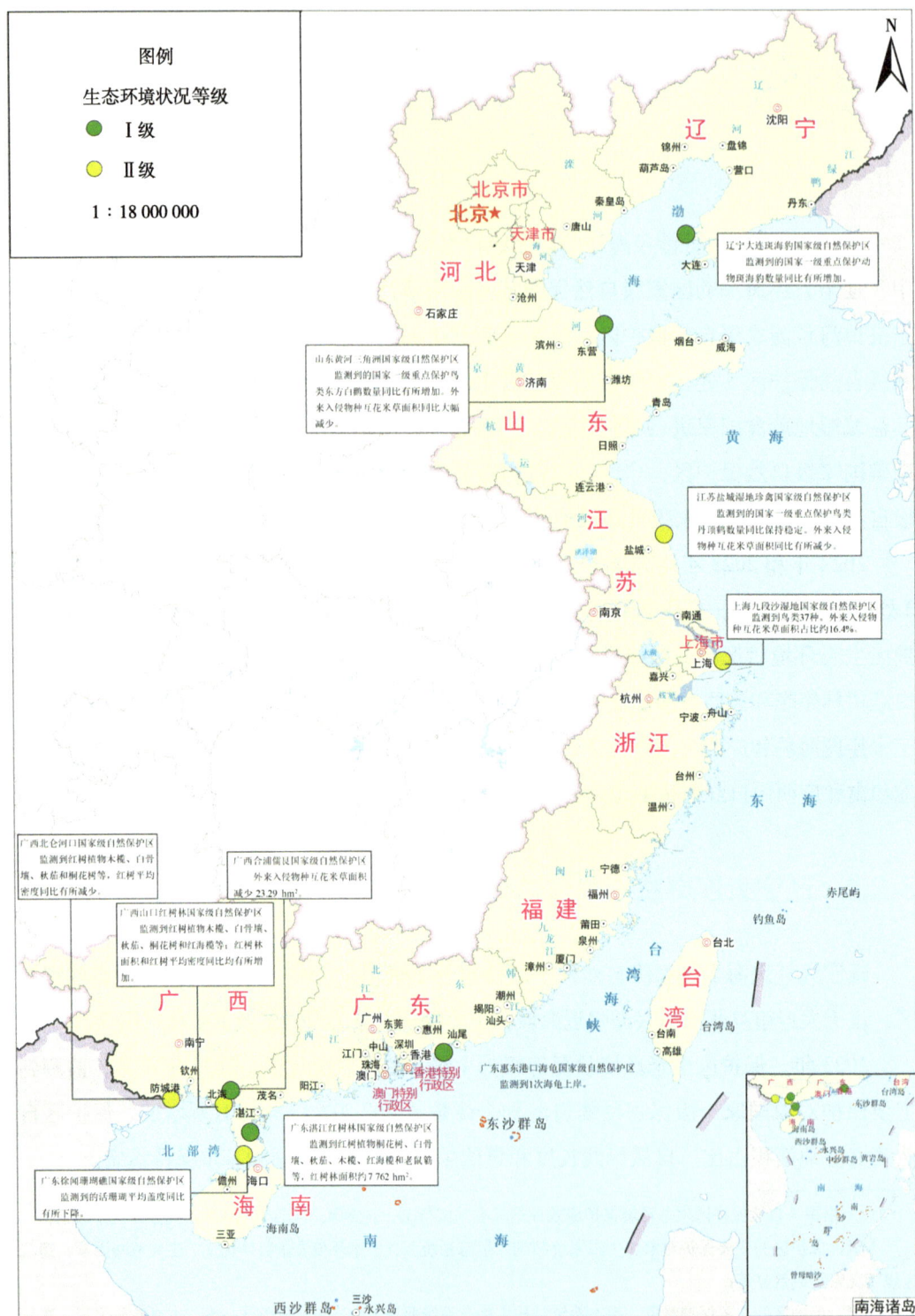

图 3.2-1　2023 年监测的海洋类型国家级自然保护区生态状况

图 3.2-2　斑海豹

3.2.2　山东黄河三角洲国家级自然保护区

山东黄河三角洲国家级自然保护区始建于 1990 年，1992 年晋升为国家级自然保护区，位于山东省东营市的黄河入海口处。主要保护对象为河口湿地生态系统及珍禽。

2023 年，保护区生态环境状况等级为 I 级，整体状况优良。2023 年 3 月，共监测到国家一级重点保护鸟类东方白鹳 322 只，同比有所增加（图 3.2-3）。保护区自然滨海湿地面积占比、自然岸线长度和自然生态系统被侵占面积基本保持稳定。截至 2023 年，已持续治理互花米草 87.33 km²，外来入侵物种互花米草面积同比大幅减少。

图 3.2-3　东方白鹳

3.2.3 江苏盐城湿地珍禽国家级自然保护区

江苏盐城湿地珍禽国家级自然保护区始建于 1983 年，1992 年晋升为国家级自然保护区，位于江苏省盐城市境内，主要保护对象为丹顶鹤等珍禽及沿海滩涂湿地生态系统。

2023 年，保护区生态环境状况等级为 Ⅱ 级，整体状况一般。2023 年 12 月，共监测到主要保护对象国家一级重点保护鸟类丹顶鹤 127 只（图 3.2-4）。保护区自然滨海湿地面积占比、自然岸线长度和自然生态系统被侵占面积基本保持稳定。外来入侵物种互花米草面积约为 29.15 km^2，同比有所减少。

图 3.2-4 丹顶鹤

3.2.4 上海九段沙湿地国家级自然保护区

上海九段沙湿地国家级自然保护区始建于 2000 年，2005 年晋升为国家级自然保护区，位于长江口外南北槽之间的拦门沙河段，主要保护对象为河口型湿地生态系统、发育早期的河口沙洲，见图 3.2-5。

2023 年，保护区生态环境状况等级为 Ⅱ 级，整体状况一般。2023 年 9 月，共监测到鸟类 37 种，包括国家一级重点保护鸟类黑脸琵鹭、国家二级重点保护鸟类大杓鹬、大滨鹬、半蹼鹬、阔嘴鹬和小勺鹬。共鉴定出浮游植物 70 种，浮游动物 37 种，大型底栖生物 34 种，潮间带生物 28 种。保护区自然滨海湿地面积占比约 97.9%，自然岸线长度和自然生态系统被侵占面积基本保持稳定。外来入侵物种互花米草面积约 68.96 km^2。

图 3.2-5　上海九段沙湿地国家级自然保护区

3.2.5　广东惠东港口海龟国家级自然保护区

广东惠东港口海龟国家级自然保护区始建于 1985 年，1992 年晋升为国家级自然保护区，位于广东大亚湾与红海湾交界处、惠东县港口滨海旅游度假区最南端的大星山南麓，主要保护对象为海龟及其产卵繁殖地。

2023 年，保护区生态环境状况等级为 I 级，整体状况优良。2023 年 6 月 21 日，监测到 1 次海龟上岸（图 3.2-6）；2023 年"世界海龟日"集中放流 800 只人工繁育海龟。共鉴定出浮游植物 58 种，浮游动物 45 种，大型底栖生物 10 种，潮间带生物 44 种。自然滨海湿地面积占比、自然岸线长度和自然生态系统被侵占面积基本保持稳定。

图 3.2-6　2023 年 6 月 21 日在广东惠东港口海龟国家级自然保护区内拍摄到 1 次海龟上岸

3.2.6 广东徐闻珊瑚礁国家级自然保护区

广东徐闻珊瑚礁国家级自然保护区始建于 1990 年，2007 年晋升为国家级自然保护区，位于广东省湛江市雷州半岛的西南部，地处徐闻县境内，分布在角尾、迈陈、西连三个乡镇的西部海区，主要保护对象为珊瑚礁生态系统。

2023 年，保护区生态环境状况等级为 Ⅱ 级，整体状况一般。2023 年 8 月，监测到珊瑚 32 种，石珊瑚平均盖度为 9.6%，同比有所下降，见图 3.2-7。共鉴定出浮游植物 85 种，浮游动物 81 种，大型底栖生物 23 种，潮间带生物 96 种。自然滨海湿地面积占比、自然岸线长度和自然生态系统被侵占面积基本保持稳定。

图 3.2-7 广东徐闻珊瑚礁生态系统

3.2.7   广东湛江红树林国家级自然保护区

广东湛江红树林国家级自然保护区始建于 1990 年，1997 年晋升为国家级自然保护区，位于广东省湛江市雷州半岛沿海区域，主要保护对象为红树林生态系统，见图 3.2-8。

2023 年，保护区生态环境状况等级为 Ⅰ 级，整体状况优良。2023 年 7 月，监测到桐花树、白骨壤、秋茄、木榄、红海榄和老鼠 等红树植物；红树林面积约 7 762 hm²；监测到鸟类 45 种，包括国家二级重点保护鸟类 4 种，分别为黑翅鸢、褐翅鸦鹃、栗喉蜂虎和白胸翡翠。保护区自然滨海湿地面积占比、自然岸线长度和自然生态系统被侵占面积基本保持稳定。外来入侵物种互花米草呈零星斑块分布。

图 3.2-8   湛江红树林生态系统

3.2.8   广西山口红树林生态国家级自然保护区

广西山口红树林生态国家级自然保护区始建于 1990 年，是我国首批建立的海洋类型国家级自然保护区之一，位于北部湾沿海区域，由广西北海市合浦县东南部沙田半岛的东西两侧海岸及海域组成，主要保护对象为红树林生态系统。

2023 年，保护区生态环境状况等级为 Ⅱ 级，整体状况一般。2023 年 5 月，监测到桐花树、白骨壤、秋茄、木榄和红海榄等红树植物；红树林面积约 779.5 hm²，红树平均密度约 15 044 株 / hm^2，红树林面积和红树密度同比均有所增加。自然滨海湿地面积占比、自然岸线长度和自然生态系统被侵占面积基本保持稳定。外来入侵物种互花米草面积约 374.0 hm^2。

3.2.9　广西北仑河口国家级自然保护区

广西北仑河口国家级自然保护区始建于 1985 年，2000 年晋升为国家级自然保护区，位于广西壮族自治区防城港市防城区和东兴市境内，主要保护对象为红树林生态系统。

2023 年，保护区生态环境状况等级为 Ⅱ 级，整体状况一般。2023 年 5 月，监测到桐花树、白骨壤、秋茄和木榄等红树植物；红树林面积约 1 090.43 hm^2，基本保持稳定；红树平均密度同比有所下降。保护区自然滨海湿地面积占比、自然岸线长度和自然生态系统被侵占面积基本保持稳定。

3.2.10　广西合浦儒艮国家级自然保护区

广西合浦儒艮国家级自然保护区始建于 1986 年，1992 年晋升为国家级自然保护区，位于广西壮族自治区北海市与广东省湛江市交界处海域，主要保护对象为儒艮及海洋生态系统。

2023 年，保护区生态环境状况等级为 Ⅰ 级，整体状况优良。2023 年 7 月，监测到国家二级保护动物白氏文昌鱼。共鉴定出浮游植物 53 种，浮游动物 40 种，大型底栖生物 32 种，潮间带生物 41 种。外来入侵物种互花米草面积约 36.5 hm^2。

3.3 滨海湿地

2023 年，对 10 处滨海湿地开展鸟类监测，监测到国家一级重点保护鸟类 7 种，包括丹顶鹤、黑嘴鸥、东方白鹳、白鹈鹕、黑脸琵鹭、小青脚鹬、黄嘴白鹭；国家二级重点保护鸟类 18 种，包括白腰杓鹬、大杓鹬、小杓鹬、大滨鹬、阔嘴鹬、白琵鹭、半蹼鹬、鸳鸯、翻石鹬、岩鹭、鹗、黑鸢、褐翅鸦鹃、白胸翡翠、黑喉噪鹛、黑翅鸢、栗喉蜂虎、海鸬鹚、褐翅鸦鹃。国家重点保护鸟类种类数保持不变。监测到的国家重点保护鸟类情况见表3.3-1。

表 3.3-1 监测到的国家重点保护鸟类

滨海湿地名称	国家一级重点保护鸟类	国家二级重点保护鸟类
辽宁双台河口	丹顶鹤、黑嘴鸥	白腰杓鹬
辽宁庄河	黑脸琵鹭、黄嘴白鹭、黑嘴鸥	海鸬鹚、白腰杓鹬、大杓鹬
山东黄河三角洲	丹顶鹤、黑嘴鸥、东方白鹳、黑脸琵鹭	白腰杓鹬、大杓鹬、阔嘴鹬、白琵鹭
江苏盐城	黑嘴鸥、东方白鹳、黑脸琵鹭、白鹈鹕	鸳鸯、白腰杓鹬、大杓鹬、大滨鹬、阔嘴鹬、白琵鹭
江苏大丰麋鹿	黑嘴鸥、黑脸琵鹭	白腰杓鹬、大杓鹬、白琵鹭
上海崇明东滩	黑脸琵鹭、黄嘴白鹭、小青脚鹬	大滨鹬、大杓鹬、小杓鹬、翻石鹬、白腰杓鹬、半蹼鹬
广东惠东港口海龟	—	岩鹭、鹗、黑鸢、褐翅鸦鹃、白胸翡翠、黑喉噪鹛
广东湛江红树林	—	黑翅鸢、褐翅鸦鹃、栗喉蜂虎、白胸翡翠
广西山口红树林	—	—
广西北仑河口	—	—

注："—"表示未监测到。

对12处滨海湿地开展互花米草监测，7处滨海湿地未监测到互花米草，监测到的5处滨海湿地，除江苏大丰麋鹿滨海湿地外，其余滨海湿地互花米草分布面积总体减少。国家重点保护鸟类种类数保持不变。

3.3.1 辽宁双台河口滨海湿地

辽宁双台河口滨海湿地位于辽宁省辽东湾北部，是环西太平洋鸟类迁徙的中转站，是中国高纬度地区面积最大的芦苇沼泽区，被称为"鸟类的国际机场"，2004年被列入国际重要湿地名录。

2023年监测到鸟类25种，其中包括国家一级重点保护鸟类2种，分别为丹顶鹤、黑嘴鸥；国家二级重点保护鸟类1种，白腰杓鹬。该区域未监测到外来入侵物种互花米草。

3.3.2　辽宁庄河滨海湿地

辽宁庄河滨海湿地为一般湿地，濒临北黄海，地处"东亚—澳大利西亚迁徙线"的中段，是黑脸琵鹭、黄嘴白鹭等多种水鸟的重要繁殖地和迁徙停歇地。

2023年监测到鸟类22种，其中包括国家一级重点保护鸟类3种，分别为黑脸琵鹭、黄嘴白鹭、黑嘴鸥；国家二级重点保护鸟类3种，分别为海鸬鹚、白腰杓鹬、大杓鹬。监测到外来入侵物种互花米草 9.9 hm^2。

3.3.3　山东黄河三角洲滨海湿地

山东黄河三角洲滨海湿地位于山东省东营市，濒临渤海，是东北亚内陆和环西太平洋鸟类迁徙重要的"中转站"、越冬地和繁殖地，是我国暖温带最年轻、最广阔、保持最完整、面积最大的河口湿地生态系统，2013年被列入国际重要湿地名录。

2023年监测到鸟类33种，其中包括国家一级重点保护鸟类4种，分别为丹顶鹤、黑嘴鸥、东方白鹳、黑脸琵鹭；国家二级重点保护鸟类4种，分别为白腰杓鹬、大杓鹬、阔嘴鹬、白琵鹭。未监测到外来入侵物种互花米草。

3.3.4　江苏盐城滨海湿地

江苏盐城滨海湿地位于江苏省盐城市境内的沿海地带，是太平洋西岸和亚洲大陆边缘面积最大、连片分布最集中的淤泥质潮间带湿地，是"东亚—澳大利西亚迁飞路线"的重要补给站，2002年被列入国际重要湿地名录。

2023年监测到鸟类51种，其中包括国家一级重点保护鸟类4种，分别为黑嘴鸥、东方白鹳、黑脸琵鹭、白鹈鹕；国家二级重点保护鸟类6种，分别为鸳鸯、白腰杓鹬、大杓鹬、大滨鹬、阔嘴鹬、白琵鹭。监测到外来入侵物种互花米草 4 321 hm^2，同比减少78.4%。

3.3.5　江苏大丰麋鹿滨海湿地

江苏大丰麋鹿滨海湿地位于江苏省盐城市大丰区南部的黄海之滨，拥有世界上最大的麋鹿种群、最完整的麋鹿基因库，2002年被列入国际重要湿地名录。

2023 年监测到鸟类 35 种，其中包括国家一级重点保护鸟类 2 种，分别为黑嘴鸥、黑脸琵鹭；国家二级重点保护鸟类 3 种，分别为白腰杓鹬、大杓鹬、白琵鹭。监测到外来入侵物种互花米草 1 205 hm²，较上年增加 1 145 hm²。

3.3.6　上海崇明东滩滨海湿地

上海崇明东滩滨海湿地位于上海市崇明岛最东端，处于长江入海口核心位置，是我国规模最大、最为典型的河口型潮汐滩涂湿地之一，2002 年被列入国际重要湿地名录。

2023 年监测到鸟类 42 种，其中包括国家一级重点保护鸟类 3 种，分别为黑脸琵鹭、黄嘴白鹭、小青脚鹬；国家二级重点保护鸟类 6 种，分别为大滨鹬、大杓鹬、小杓鹬、翻石鹬、白腰杓鹬、半蹼鹬。监测到外来入侵物种互花米草 166 hm²，同比减少 24.2%。

3.3.7　广东惠东港口海龟滨海湿地

广东惠东港口海龟滨海湿地位于广东大亚湾与红海湾交界处、惠东县港口滨海旅游度假区最南端的大星山南麓，是国家一级保护动物绿海龟产卵繁殖的重要场所，于2002 年被列入国际重要湿地名录。

2023 年监测到鸟类 39 种，未监测到外来入侵物种互花米草。

3.3.8　广东湛江红树林滨海湿地

广东湛江红树林滨海湿地位于广东省西南部的湛江市，是中国红树林面积最大、分布最集中、种类较多的地区，作为西伯利亚—澳大利亚候鸟迁徙的主要通道和重要停歇地，保护区为勺嘴鹬、中华凤头燕鸥、大滨鹬、黑嘴鸥、黑脸琵鹭等珍稀鸟类提供了丰富的食物和优质的越冬地，2002 年被列入国际重要湿地名录。

2023 年监测到鸟类 45 种，其中包括国家二级重点保护鸟类 4 种，分别为黑翅鸢、褐翅鸦鹃、栗喉蜂虎、白胸翡翠。监测到外来入侵物种互花米草 39 hm²。

3.3.9　广西山口红树林滨海湿地

广西山口红树林滨海湿地位于北部湾沙田半岛的两侧，保存有我国连片的、最古老的、面积最大的红海榄林，是我国重要的红树林种源基地和基因库，也是我国南亚热带沿海红树林类型的典型代表，2002 年被列入国际重要湿地名录。

2023 年监测到鸟类 21 种，监测到外来入侵物种互花米草 361 hm²，同比减少 21.5%。

3.3.10　广西北仑河口滨海湿地

广西北仑河口滨海湿地位于我国大陆海岸的最西南端，地处广西壮族自治区防城港市境内，东南临北部湾，西南与越南毗邻。这里生长着我国连片面积最大的老鼠簕群落，该区域的红树林也是我国唯一的边境红树林，2008 年被列入国际重要湿地名录。

2023 年监测到鸟类 17 种，未监测到外来入侵物种互花米草。

3.3.11　海南东寨港滨海湿地

海南东寨港滨海湿地位于海南省北部的铺前湾，是我国首个以红树林为主的湿地类型，也是我国红树林中连片面积最大、树种最多、林分质量最好、生物多样性最丰富的区域，1992 年被列入国际重要湿地名录。

2023 年监测该区域未监测到外来入侵物种互花米草。

3.3.12　海南新盈红树林滨海湿地

海南新盈红树林滨海湿地位于海南省西部的后水湾，是海南岛西海岸最重要的红树林分布区，2020 年被列入国家重要湿地名录。

2023 年监测该区域未监测到外来入侵物种互花米草。

04

主要入海
污染源状况

ZHUYAO RUHAI WURANYUAN
ZHUANGKUANG

4.1 入海河流

2023 年，监测的 230 个入海河流国控断面中Ⅰ～Ⅲ类水质断面占 80.9%，同比上升 0.9 个百分点；无劣Ⅴ类，同比下降 0.4 个百分点。水质状况[①]总体良好，见表 4.1-1、表 4.1-2 和图 4.1-1。

表 4.1-1　2023 年入海河流监测断面水质类别比例及主要超标指标　　　　单位：%

海区	水质状况	Ⅰ类	Ⅱ类	Ⅲ类	Ⅳ类	Ⅴ类	劣Ⅴ类	主要超标指标
渤海	轻度污染	0.0	17.2	46.6	36.2	0.0	0.0	化学需氧量、高锰酸盐指数、五日生化需氧量
黄海	良好	0.0	8.8	75.4	15.8	0.0	0.0	—
东海	良好	0.0	31.8	56.8	9.1	2.3	0.0	—
南海	良好	0.0	45.1	42.3	11.3	1.4	0.0	—

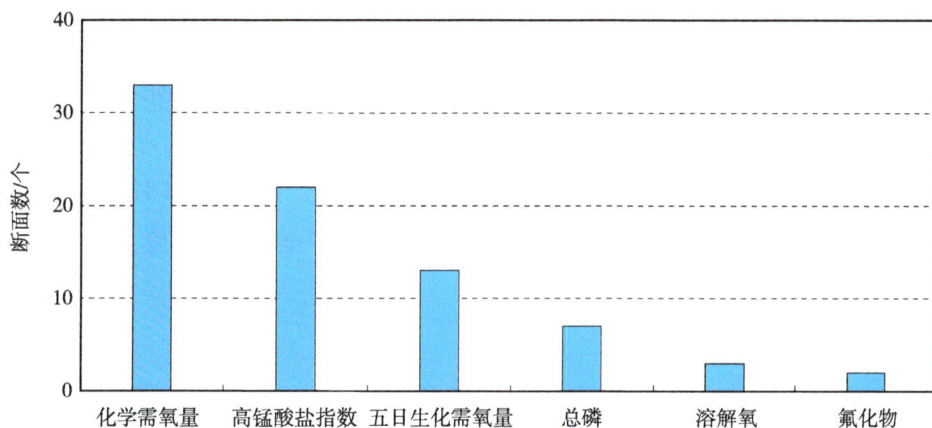

图 4.1-1　2023 年全国入海河流监测断面水质超标指标统计

---

① 入海河流水质综合评价分为 5 个级别：

优：Ⅰ～Ⅲ类水质比例≥90%；

良好：75%≤Ⅰ～Ⅲ类水质比例<90%；

轻度污染：Ⅰ～Ⅲ类水质比例<75%，且劣Ⅴ类水质比例<20%；

中度污染：Ⅰ～Ⅲ类水质比例<75%，且 20%≤劣Ⅴ类水质比例<40%；

重度污染：Ⅰ～Ⅲ类水质比例<60%，且劣Ⅴ类水质比例≥40%。

表 4.1-2　2023 年入海河流监测断面水质超标指标

海区	超标率>20%	10%≤超标率≤20%	超标率<10%
渤海	化学需氧量（29.3）、高锰酸盐指数（22.4）	—	五日生化需氧量（8.6）、氟化物（3.4）
黄海	—	化学需氧量（12.3）	五日生化需氧量（8.8）、高锰酸盐指数（5.2）、总磷（1.8）
东海	—	化学需氧量（11.4）	五日生化需氧量（2.3）、高锰酸盐指数（2.3）
南海	—	—	总磷（8.5）、高锰酸盐指数（7.0）、化学需氧量（5.6）、溶解氧（4.2）、五日生化需氧量（2.8）
全国	—	化学需氧量（14.3）	高锰酸盐指数（9.6）、五日生化需氧量（5.7）、总磷（3.0）、溶解氧（1.3）、氟化物（0.9）

注：表中（ ）内数据为超标指标的超标率，单位为 %。

230 个入海河流国控断面中，化学需氧量浓度范围为 6.7～37.5 mg/L，平均为 15.5 mg/L，断面超标率最高，为 14.3%；高锰酸盐指数浓度范围为 1.2～13.4 mg/L，平均为 4.2 mg/L，断面超标率为 9.6%；五日生化需氧量浓度范围为未检出～6.0 mg/L，平均为 2.4 mg/L，断面超标率为 5.7%；总磷浓度范围为 0.017～0.387 mg/L，平均为 0.105 mg/L，断面超标率为 3.0%；溶解氧浓度范围为 4.4～14.5 mg/L，平均为 8.5 mg/L，断面超标率为 1.3%；氟化物浓度范围为 0.056～1.021 mg/L，平均为 0.409 mg/L，断面超标率为 0.9%。

2023 年入海河流断面总氮平均浓度为 3.44 mg/L，同比下降 12.2 个百分点。230 个入海河流国控断面中，74 个断面总氮年均浓度高于全国平均浓度。

4.2 直排海污染源

2023 年，455 个直排海污染源污水排放总量约为 775 509 万 t，不同类型污染源中，综合污染源污水排放量最多，其次为工业污染源，生活污染源排放量最少。主要监测指标中，综合污染源排放量均最大，见表 4.2-1、图 4.2-1 和图 4.2-2。

表 4.2-1 2023 年各类直排海污染源污水及主要监测指标排放量

污染源类别	排口数 / 个	污水量 / 万 t	化学需氧量 / t	石油类 / t	氨氮 / t	总氮 / t	总磷 / t
工业	211	247 176	29 239	88	888	10 103	220
生活	53	90 014	14 474	31	511	6 942	130
综合	191	438 319	99 690	443	2 889	36 320	621

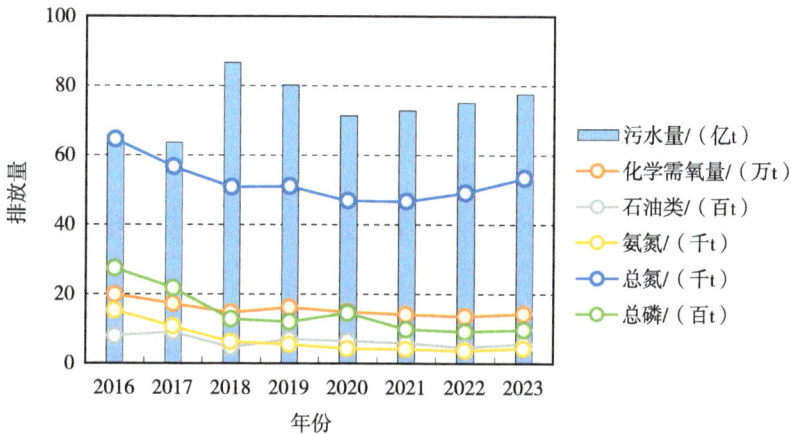

图 4.2-1 2016—2023 年全国直排海污染源污水及主要监测指标排放量

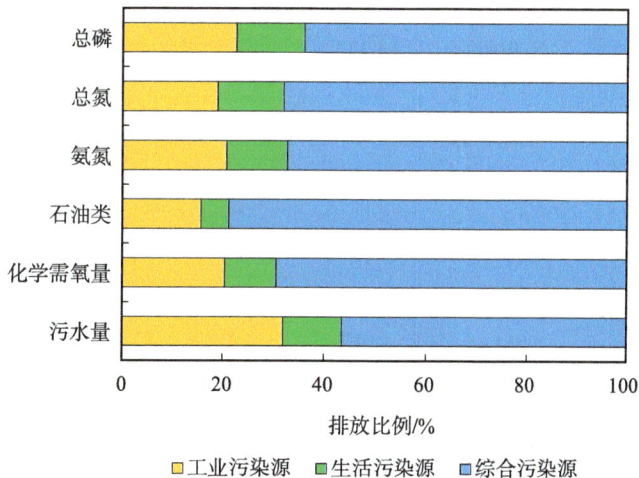

图 4.2-2 2023 年不同类型直排海污染源污水及主要监测指标排放比例

开展监测的各项指标中，总磷、悬浮物、总氮、五日生化需氧量、氨氮和粪大肠菌群数个别点位超标，其他指标未见超标，见图 4.2-3。

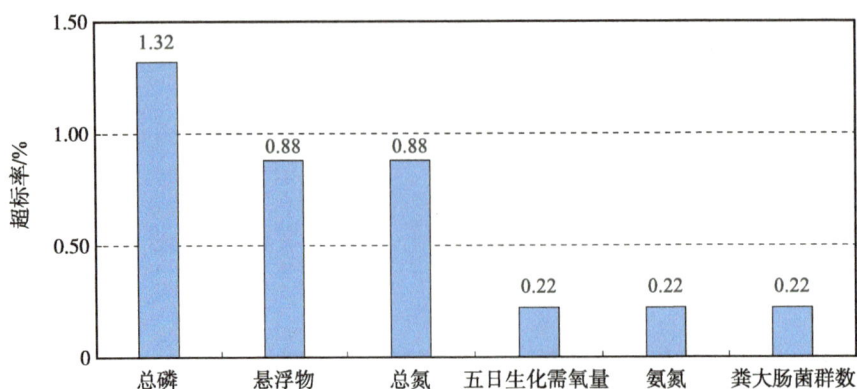

图 4.2-3　2023 年直排海污染源超标监测指标的超标率

各海区中，东海受纳污水排放量最多，其次是南海和黄海。

沿海各省（区、市）中，浙江污水排放量最大，其次是福建和广东，见表 4.2-2 和表 4.2-3。

表 4.2-2　2023 年各海区直排海污染源污水及主要监测指标受纳量

海区	排口数 / 个	污水量 / 万 t	化学需氧量 / t	石油类 / t	氨氮 / t	总氮 / t	总磷 / t
渤海	58	64 573	6 268	45	116	2 036	50
黄海	80	97 843	20 965	132	621	7 790	134
东海	171	452 105	82 797	340	2 195	31 522	519
南海	146	160 988	33 373	45	1 355	12 017	267

表 4.2-3　2023 年沿海各省（区、市）直排海污染源污水及主要监测指标排放量

省 （区、市）	排口数 / 个	污水量 / 万 t	化学需氧量 / t	石油类 / t	氨氮 / t	总氮 / t	总磷 / t
辽宁	26	5 587	719	1	11	224	3
河北	5	42 631	552	2	13	716	20
天津	16	5 531	1 012	1	22	347	9
山东	73	98 991	22 540	156	649	7 854	140
江苏	18	9 675	2 410	18	43	686	14
上海	8	33 047	6 035	23	155	2 782	37
浙江	116	223 216	61 204	271	1 436	19 195	274
福建	47	195 841	15 558	46	604	9 545	208
广东	64	105 894	20 413	33	732	7 893	165
广西	43	14 425	3 457	5	100	1 099	23
海南	39	40 668	9 504	8	524	3 024	79

05

海水浴场
环境状况

HAISHUI YUCHANG HUANJING
ZHUANGKUANG

2023 年，重点监测的 32 个海水浴场中，大连棒棰岛海水浴场等 22 个海水浴场水质等级均为"优"或"良"。游泳季节水质为优、良、差的平均天数比例分别为 63%、34% 和 3%。影响海水浴场水质的指标有粪大肠菌群，此外，还有透明度和溶解氧，其中，粪大肠菌群的超标次数最多，因此选取粪大肠菌群为主要超标指标。

其中，秦皇岛老虎石浴场、秦皇岛平水桥浴场、威海国际海水浴场、三亚大东海浴场、三亚亚龙湾海水浴场单日水质均为"优"。营口月牙湾浴场、锦州孙家湾浴场、葫芦岛 313 海滨浴场每期水质均为"良"。烟台开发区海水浴场、青岛第一海水浴场、连云港连岛海滨浴场、舟山朱家尖浴场、平潭龙王头海水浴场、深圳大梅沙海水浴场、珠海东澳南沙湾海水浴场、阳江闸坡海水浴场、北海银滩海水浴场、海口假日海滩海水浴场部分时段水质等级为"差"，见图 5-1。

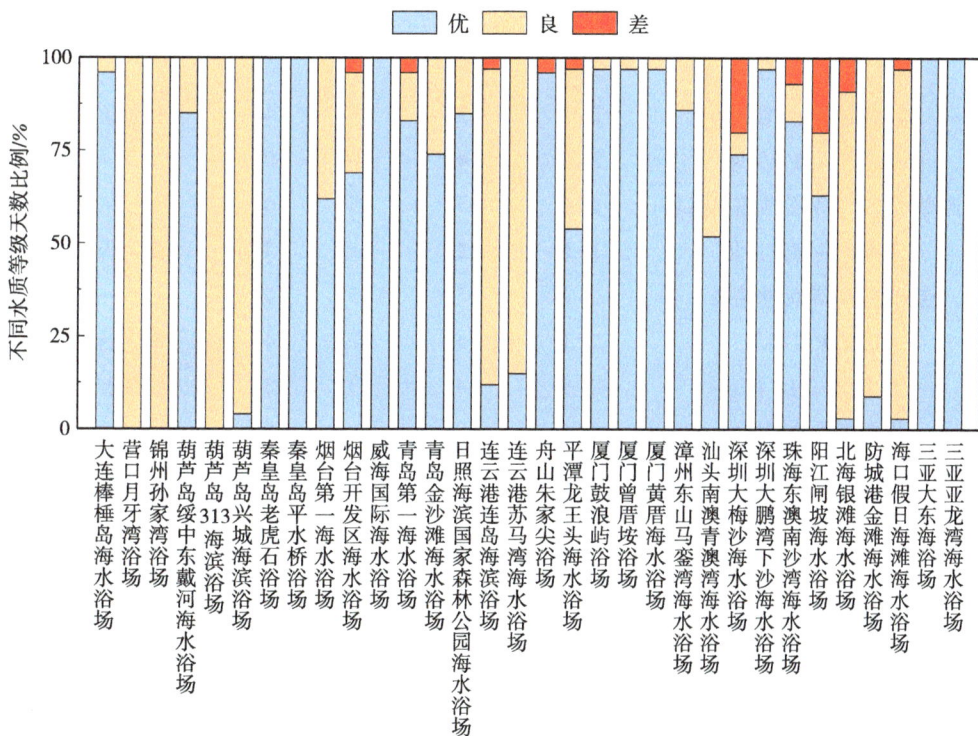

图 5-1 2023 年重点监测的 32 个海水浴场水质状况

表 5-1　2023 年重点监测的 32 个海水浴场平均水温、水质等级天数比例和主要超标指标

海水浴场名称	平均水温 /℃	水质等级天数比例 /%			主要超标指标
		优	良	差	
大连棒棰岛海水浴场	22.7	96	4	0	—
营口月牙湾浴场	24.1	0	100	0	—
锦州孙家湾浴场	24.2	0	100	0	—
葫芦岛绥中东戴河海水浴场	24.1	85	15	0	—
葫芦岛 313 海滨浴场	24.1	0	100	0	—
葫芦岛兴城海滨浴场	23.8	4	96	0	—
秦皇岛老虎石浴场	25.8	100	0	0	—
秦皇岛平水桥浴场	25.7	100	0	0	—
烟台第一海水浴场	22.8	62	38	0	—
烟台开发区海水浴场	22.7	69	27	4	透明度
威海国际海水浴场	24.0	100	0	0	—
青岛第一海水浴场	25.2	83	13	4	粪大肠菌群
青岛金沙滩海水浴场	23.6	74	26	0	—
日照海滨国家森林公园海水浴场	26.6	85	15	0	—
连云港连岛海滨浴场	26.6	12	85	3	粪大肠菌群
连云港苏马湾海水浴场	26.6	15	85	0	—
舟山朱家尖浴场	27.1	96	0	4	粪大肠菌群
平潭龙王头海水浴场	27.9	54	43	3	粪大肠菌群、透明度
厦门鼓浪屿浴场	28.8	97	3	0	—
厦门曾厝垵浴场	28.8	97	3	0	—
厦门黄厝海水浴场	28.9	97	3	0	—
漳州东山马銮湾海水浴场	27.7	86	14	0	—
汕头南澳青澳湾海水浴场	26.9	52	48	0	—
深圳大梅沙海水浴场	30.2	74	6	20	粪大肠菌群
深圳大鹏湾下沙海水浴场	29.7	97	3	0	—
珠海东澳南沙湾海水浴场	27.7	83	10	7	粪大肠菌群
阳江闸坡海水浴场	29.2	63	17	20	粪大肠菌群、透明度
北海银滩海水浴场	30.1	3	88	9	粪大肠菌群
防城港金滩海水浴场	29.2	9	91	0	—
海口假日海滩海水浴场	30.7	3	94	3	溶解氧
三亚大东海浴场	29.9	100	0	0	—
三亚亚龙湾海水浴场	29.7	100	0	0	—

　　青岛第一海水浴场、连云港连岛海滨浴场、舟山朱家尖浴场、平潭龙王头海水浴场、深圳大梅沙海水浴场、珠海东澳南沙湾海水浴场、阳江闸坡海水浴场、北海银滩海水浴场 8 个海水浴场部分游泳时段粪大肠菌群含量 [①] 超标；烟台开发区海水浴场、平潭龙王头海水浴场、阳江闸坡海水浴场部分游泳时段出现透明度偏低的情况；海口假日海滩海水浴场部分游泳时段出现溶解氧偏低的情况，见图 5-2、图 5-3。

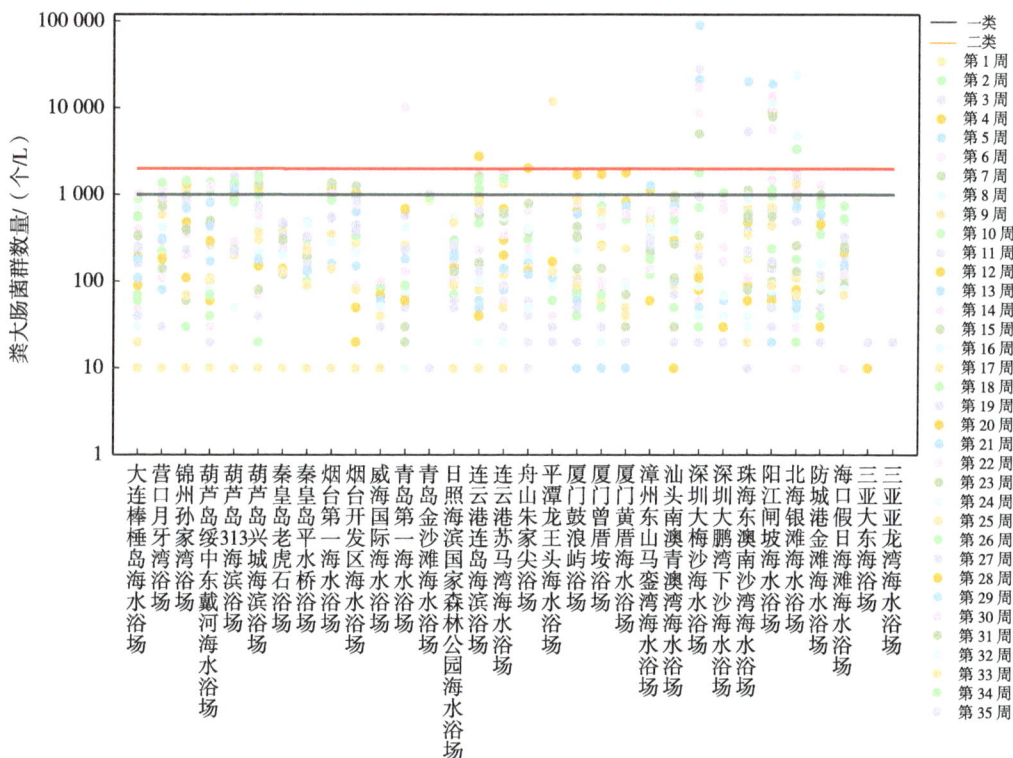

图 5-2　2023 年全国重点监测的 32 个海水浴场每周粪大肠菌群含量

　　近 5 年，海水浴场水质状况整体得到明显改善。与 2019 年相比，重点监测的海水浴场水质等级优良天数比例明显增加；水体中粪大肠菌群含量整体呈下降趋势，且持续稳定。

---

　　① 海水浴场水体中粪大肠菌群含量以 95 百分位数值计算，≤2 000 个 /L 水质等级为"优"，2 000～20 000 个 /L 水质等级为"良"，>20 000 个 /L 水质等级为"差"。

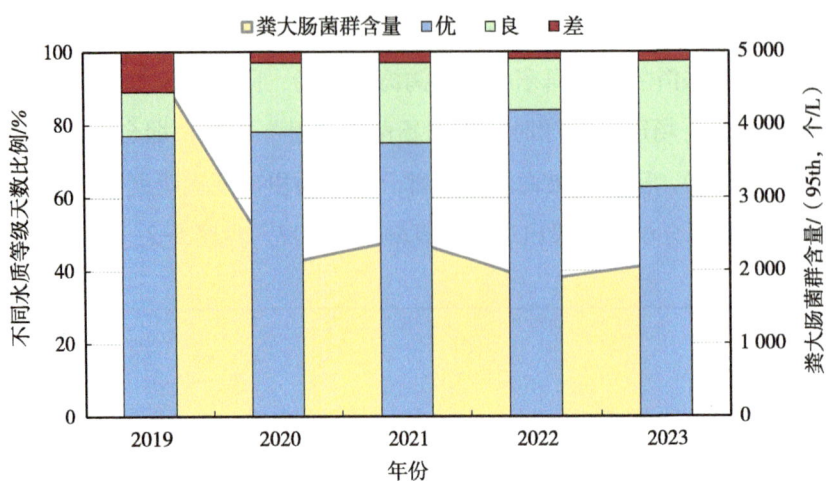

图 5-3　2019—2023 年重点监测海水浴场不同水质等级天数比例和粪大肠菌群含量

06 总结

ZONGJIE

6.1 海洋生态环境质量结论

2023 年我国海洋生态环境状况稳中趋好。管辖海域水质总体稳中趋好，近岸海域水质持续改善，监测的典型海洋生态系统 7 处呈健康状态、17 处呈亚健康状态、无不健康状态。全国入海河流水质状况总体良好。海水浴场水质总体良好。

6.1.1 海洋环境质量总体改善

2023 年管辖海域水质总体稳定，夏季符合第一类海水水质标准的海域面积占管辖海域面积的 97.9%；近岸海域水质总体保持改善趋势，优良（一、二类）水质面积比例为 85.0%，同比上升 3.1 个百分点。劣四类水质海域主要分布在辽东湾、长江口、杭州湾、珠江口等近岸海域，主要超标指标为无机氮和活性磷酸盐。综合治理攻坚战三大重点海域（渤海、长江口—杭州湾、珠江口邻近海域）总体优良水质面积比例为 67.5%，较 2022 年上升 4.5 个百分点，总体改善。283 个海湾单元中，167 个海湾优良水质面积比例超过 85%。2016—2023 年中国管辖海域呈富营养状态的海域面积总体呈下降趋势。

2023 年我国近岸海域海洋垃圾整体保持稳定，2019—2023 年海面漂浮垃圾呈波动变化趋势，海滩和海底垃圾呈明显下降趋势。海面漂浮垃圾、海滩垃圾和海底垃圾均以塑料类为主。海面漂浮垃圾平均个数相对较高的海域为福建省闽江口、广西壮族自治区北海侨港。海滩垃圾平均个数相对较高的海域为海南省儋州洋浦湾。海底垃圾平均个数相对较高的海域为上海崇明区。

6.1.2 典型海洋生态系统健康状况保持稳定

2023 年监测的 24 处典型海洋生态系统健康状况总体稳定。其中 7 处典型海洋生态系统呈健康状态、17 处典型海洋生态系统呈亚健康状态。2019—2023 年，开展监测评价的典型海洋生态系统整体健康状况稳中向好，呈健康状态的生态系统稳步增多，占比由 16.7% 上升至 29.2%；呈亚健康状态的生态系统持续降低，占比由 77.8% 下降至 70.8%；自 2021 年起无不健康状态的生态系统。

6.1.3 海洋自然保护地生态环境状况整体保持稳定

2023 年监测的 10 处国家级自然保护区中，5 处保护区生态环境状况等级为 I 级，整体状况优良；5 处保护区生态环境状况等级为 II 级，整体状况一般。

6.1.4 滨海湿地内互花米草面积总体减少

2023 年监测的滨海湿地内互花米草分布面积较 2022 年总体减少，国家重点保护鸟类种类数保持不变。

6.1.5 主要入海污染源状况总体良好

2023 年全国入海河流水质状况总体良好。监测的 230 个入海河流国控断面中 I～III 类水质断面占 80.9%，同比上升 0.9 个百分点，无劣 V 类。

2023 年监测的 455 个日排污水量大于或等于 100 t 的直排海污染源中，个别点位总磷、悬浮物、总氮、五日生化需氧量、氨氮和粪大肠菌群数超标，其他指标未见超标。

6.1.6 海水浴场水质总体良好

2023 年重点监测的 32 个海水浴场水质总体良好。其中，22 个海水浴场水质等级均为"优"或"良"。自 2019 年以来，重点监测的海水浴场水质状况整体明显改善，水体中粪大肠菌群含量整体呈稳定下降趋势。

6.2 主要问题

6.2.1 近岸局部海域仍污染严重

"十三五"时期以来，我国海洋生态环境状况逐步改善，管辖海域第一类海水水质标准的海域面积占比由 95.5% 上升到 97.9%；近岸海域优良水质比例由 72.9% 上升到 85.0%。但是近岸海域仍有 7.9% 的海域海水水质劣于四类水质标准，污染严重，2023 年各季节均出现劣四类水质的海域主要分布在辽东湾、长江口、杭州湾和珠江口等近岸海域。主要超标指标为无机氮和活性磷酸盐。

过量的氮、磷等营养盐排入海洋环境，会导致近岸海域水质污染和海水富营养化。溯源表明，我国近岸海域海水中氮、磷等营养盐主要来自河流输入、农业面源污染、城镇工业废水和生活污水排放、海上养殖活动以及海洋大气沉降等，不同来源贡献率在不同区域、海域差异较大，也反映出近岸海域综合治理与管控的复杂性和长期性，亟须进一步强化治理与管控。

全国近岸海洋的塑料垃圾污染形势依然严峻，近 5 年来塑料垃圾平均占比 80% 以上，没有下降趋势。渔业养殖废弃渔具相关的塑料垃圾是海洋塑料垃圾的重要来源，其中泡沫有很大占比；海滩垃圾中以香烟过滤嘴占比最高（27.1%），这与人为遗弃有直接关系；瓶盖和包装类塑料制品也占有很大比例，海滩上的游客活动可能是其主要来源。

6.2.2 多数生态系统仍处于亚健康状态

近年来，富营养化等环境问题导致部分河口海湾生态系统的生物群落发生演替。2023 年，多数河口海湾浮游植物密度高于基准值，部分河口海湾浮游植物类群呈现密度升高、优势种演替等问题，影响生态系统质量和稳定性。黄河口、珠江口等大型底栖生物呈现耐污种比例增加现象，杭州湾大型底栖生物多样性长期处于较低水平，与其富营养化压力相吻合。此外，近岸典型海洋生态系统中监测到的鱼卵及仔鱼密度处于较低水平，2023 年，多数河口海湾鱼卵及仔鱼密度小于 5 个 /m³。

海草盖度、密度和生物量等指标呈现较大的年际波动，近 5 年来，海南和广西海草平均密度年际变幅分别为 12.3%～75.8% 和 34.9%～1 227%。我国海域珊瑚礁整体呈恢复态势，但部分海域珊瑚补充量处于较低水平，珊瑚群落恢复迟缓。尽管红树林保护和恢复卓有成效，但污水排放和病虫害对红树植物的生长和生存造成一定影响。

6.2.3　部分海洋自然保护区的部分保护对象及生境退化

2011—2023 年广东徐闻珊瑚礁国家级自然保护区内活珊瑚覆盖率总体呈下降趋势，白化率较往年有所升高。广西山口红树林生态国家级自然保护区核心区英北村附近红树林片区发现存在退化斑块，退化面积自 2020 年起逐年增大，2023 年面积约 0.87 hm²。人类活动对保护对象存在潜在威胁，保护区周边海域往往是渔业作业水域，频繁的捕捞活动导致渔业资源衰退，在一定程度上对中华白海豚、印太江豚、海龟等珍稀濒危海洋物种的生存发展造成影响。同时，部分保护区周边水产养殖活动引致的污染问题对近岸造礁珊瑚、珊瑚群落造成影响。个别保护区内存在石油开采设施并开展采集作业，对主要保护对象及生态环境构成威胁。

6.2.4　部分重要滨海湿地及海洋自然保护区范围内仍存在外来入侵植物互花米草

互花米草侵占广西合浦儒艮国家级自然保护区的贝克喜盐群落草场、广西山口红树林生态国家级自然保护区的红树林分布区。个别保护区外来入侵物种呈现扩散趋势。与 2022 年同期调查监测结果相比，江苏盐城湿地珍禽国家级自然保护区局部地区的加拿大一枝黄花分布范围有扩张趋势。个别重要滨海湿地内互花米草面存量仍然较大。江苏盐城湿地国际重要滨海湿地范围内互花米草面积较 2022 年减少 78.40%，但仍有 4 321 hm² 有待治理。个别重要滨海湿地的互花米草二次入侵风险较高。例如，上海崇明东滩滨海湿地内互花米草仍有 166 hm²，可采取化学治理技术方法进行防控。

6.2.5　仍有一定比例入海污染源超标

"十四五"时期以来，入海河流总氮、总磷管控措施逐步推开，陆源入海排口

"查、测、溯、治"创新监管模式,海水养殖污染治理和监管不断加强,港口船舶污染治理全面展开以及海洋开发活动的环境监管力度逐步加大,主要入海污染源治理取得了积极成效,但仍有一定比例的入海河流断面存在超标情况。2023 年,黄海、东海、南海 3 个海区监测的入海河流监测断面水质状况均为良好,渤海的入海河流监测断面水质状况总体为轻度污染,主要超标指标为化学需氧量、高锰酸盐指数、五日生化需氧量。直排海污染源监测结果表明,个别点位的总磷、悬浮物、总氮、五日生化需氧量、氨氮和粪大肠菌群数超标。

6.2.6 海水浴场水质虽有改善,但个别浴场仍水质超标

虽然近 5 年来大部分海水浴场水质显著提升,与 2019 年相比,重点监测的海水浴场水质等级优良天数比例明显增加,但烟台开发区海水浴场、青岛第一海水浴场、连云港连岛滨海浴场、舟山朱家尖浴场、平潭龙王头海水浴场、深圳大梅沙海水浴场、珠海东澳南沙湾海水浴场、阳江闸坡海水浴场、北海银滩海水浴场、海口假日海滩海水浴场部分时段水质等级为"差",仍存在水质超标情况,主要超标指标为粪大肠菌群和透明度。

6.3 对策及建议

6.3.1 加强近岸海域综合治理

为实现海洋环境质量持续改善,建议在贯彻落实《"十四五"海洋生态环境保护规划》的基础上,强化沿海城镇污水收集和处理设施建设、加强农业面源污染治理、因地制宜实施人工湿地净化和生态扩容工程、推进海湾生态环境综合治理等重点任务,以进一步削减入海河流总氮、总磷等的排海量。加快推进《重点海域综合治理攻坚战行动方案》的实施,持续推进入海河流总氮削减工程、加强沿海城市固定污染源总氮排放控制和监管执法、深入推进化肥农药减量增效、加大海水养殖生态环境监管等

措施。

加快推进海洋垃圾监测技术方法标准化进程，加强部属单位和地方海洋垃圾监测能力建设，切实提高生态环境系统海洋垃圾污染监测能力。加大政策扶持，积极补助海水养殖户更新升级环保浮球等新型塑料制品，从源头上减少塑料制品的微塑料释放总量。沿海各地逐步建立健全海水养殖区塑料垃圾清理长效机制，提升海水养殖区垃圾收集和转运能力，对海水养殖区塑料垃圾进行定期打捞和定点回收。对海水养殖器具的使用和回收加强监管手段，配套监督管理和责任追究制度。督促地方政府开展海洋塑料垃圾专项清理和清洁海滩行动，完善"海上环卫"工作机制。强化入海河流、沿海乡镇、水产养殖区、港口、旅游区等重点区域的塑料垃圾入海防控和监督管理。加大对海洋塑料垃圾污染防治的宣传力度，引导发挥公众、媒体、环保公益组织和志愿者的社会监督作用，鼓励志愿者队伍和社会公众参与清洁海滩行动。

6.3.2 坚持系统保护修复，强化典型海洋生态系统保护

为提升海洋生态质量和稳定性，建议坚持以保护优先、自然恢复为主，多措并举提升海洋生态系统质量和稳定性。加强典型海洋生态系统常态化监测监控，定期评估全国及重点区域海洋生态系统质量和稳定性。着力保护海洋生物多样性，加强海洋特殊生境生物多样性调查，完善我国海洋生物多样性等开放共享数据库，推进鸭绿江口、辽河口、黄河口、长江口、珠江口、北部湾、南海岛礁区等重点海域生物多样性的长期监测监控。恢复修复典型海洋生态系统，深化拓展渤海生物生态保护修复，建立海洋生态修复监管和成效评估制度，不断增强典型海洋生态系统的多样性、稳定性和可持续性。

6.3.3 持续强化人为活动管控

加强海洋自然保护地的日常巡查和监督执法，严厉打击违法违规捕捞活动；限制保护区内捕捞活动，严格控制保护区内船舶航行，减少对主要保护对象及生态环境的干扰影响。加强保护区周边养殖活动的管控，严格排放养殖尾水和污染物，强化海水环境质量的监测监控。加强保护区石油开采等开发利用活动的监管，降低对生态环境的影响。加强对船只的管理，严格控制各类船只行驶速度，对斑海豹、中华白海豚和海龟经常出现的水域实行船只限速管理。加强对规划渔业区域的巡查，禁止渔民非法

闯入禁止渔业区。

6.3.4 加强外来入侵物种防治

结合海洋生态系统实际情况，加强对互花米草的防控和治理，提高互花米草动态监测能力，掌握互花米草的分布范围、面积、覆盖度等动态状况，实时监控互花米草的生长状况。科学开展互花米草综合治理修复，针对互花米草在低潮滩、中潮滩、高潮滩等不同生长环境的具体分布、生长阶段、面积大小、危害程度、扩散趋势等，综合应用物理、化学、生物替代以及综合防治等方法，科学精准制定治理措施，做到"除早、除少、除了"，有步骤、分区域地开展互花米草综合治理，有效抑制和预防其蔓延，减少对红树林、海草床等典型生态系统的威胁。

6.3.5 加强入海河流水质综合治理，开展入海排污口综合整治

为进一步削减氮、磷等主要污染物入海量，建议巩固深化入海河流国控断面消除劣 V 类水质成效，加强入海河流水质综合治理，推进河流入海断面水质持续改善，深化拓展渤海入海河流断面水质治理。建议摸清各类入海排污口的分布及数量、排放特征、责任主体等信息，建立入海排污口动态信息台账，加强与排污许可信息系统中固定污染源入海排污口信息共享联动。以近岸海域劣四类水质分布区为重点，建立健全"近岸水体—入海排污口—排污管线—污染源"全链条治理体系，系统开展入海排污口综合整治，建立入海排污口整治销号制度。加强和规范入海排污口设置的备案管理，建立健全入海排污口的分类监管体系。

6.3.6 加强浴场水质监测、监管、溯源及预测预警

为提升公众亲海戏水重要空间的生态环境质量和生态服务水平，确保公众健康和环境质量，建议加强浴场水质监测、监管、溯源及预测预警工作。重点关注浴场水体因粪大肠菌群等粪便污染指示细菌超标而导致的水质变化，当浴场出现水体粪大肠菌群等粪便污染指示细菌含量持续升高等情况，应对浴场水体中微生物（如粪大肠菌群）及其他关键环境指标开展应急监测。对于水质持续较差的浴场，建议开展水质预测预警工作，建立浴场关闭制度，根据实际情况及时发布浴场的预警或短期关闭信息，待

浴场水质恢复后再进行开放。针对本年度水质超标的浴场，应督促当地政府采取措施加大浴场及周边环境整治力度，全面开展海水浴场周边污染源溯源，实施海水浴场环境常态化监管，加强浴场周边环境综合整治、完善浴场周边排水管网建设，保护清源行动工作成果。

专　题

专题 1 香港海洋生态环境监测工作开展情况

香港特别行政区位于珠江口以东，海岸线长约 1 200 km，海域面积约 1 641 km²。香港环境保护署根据《水污染管制条例》（香港法例第 358 章）制定了海水水质指标分区管控标准，每月开展海水水质监测，并根据溶解氧、无机氮、非离子氨和大肠杆菌的浓度计算海域水质指标达标率。2023 年，对香港海域 76 个点位开展海水水质监测，整体达标率为 89%；其中，非离子氨、大肠杆菌、溶解氧和无机氮达标率分别为 100%、100%、92% 和 70%。

香港环境保护署每年对主要海岸区域约 190 个点位开展海岸清洁监察，并将 33 个点位列入优先处理海上垃圾地点清单，优先处理地点每月开展 1 次监察，其余地点一般每 3 个月开展 1 次监察。综合利用无人机技术和现场详查确定海岸清洁情况，并将海岸清洁程度划分为 5 个等级。2023 年，香港海岸整体洁净情况保持良好，33 个优先处理海上垃圾地点中，31 个为一级（良好）或二级（满意），全年共收集海面漂浮垃圾 2 404 t、岸滩垃圾 2 719 t，分别同比下降约 10%、4%。

每年游泳季节（3—10 月），香港环境保护署对 42 个宪报公布的海水浴场进行水质监测，根据大肠杆菌浓度评估海水浴场的水质状况。2023 年，监测的 42 个海水浴场中，26 个海水浴场水质的全年级别为"良好"，16 个为"一般"，无"欠佳"或"极差"。

专题 2 澳门海洋生态环境监测工作开展情况

澳门特别行政区位于珠江口以西，海岸线长约 79.5 km，海域面积约 85 km²。澳门环境保护局每年定期开展海水水质监测，监测内容包括有机物、营养盐、重金属和生物学等指标。2023 年，对 12 个沿岸水质点位每月开展 1 次监测，对其他 13 个水质点位每季度开展 1 次监测。2023 年，澳门海域水质总评估指数同比下降，水质状况有所改善，监测的 25 个点位重金属评估指数均远低于标准值，6 个点位非金属评估指数超出标准值。

澳门市政署每月对澳门黑沙海滩浴场和竹湾海滩浴场开展水质监测，游泳季节增加监测频次，监测项目包括大肠杆菌、感官和物理指标、有机物、营养盐、重金属和藻类等，并根据大肠杆菌浓度评估海水浴场年度水质情况。2023 年，澳门黑沙海滩浴场和竹湾海滩浴场水质等级均为"一般"。

专题 3 央地合作共建第一批国家海洋生态环境监测基地

为贯彻落实全国生态环境保护大会工作要求，加快推进现代化海洋生态环境监测体系建设，在全面深入开展海洋生态环境监测能力调查研究的基础上，生态环境部决定依托海洋生态环境监测工作基础好、特色优、能力强的地方监测机构建设第一批 8 个国家海洋生态环境监测基地（以下简称海洋监测基地）。海洋监测基地的基本定位是"上下协同、统筹调配；国家任务、分工合作；特色引领、创新示范；强化交流、培养人才"，主要特色建设方向包括生物多样性、红树林、珊瑚礁、海草床、河口海湾、海水浴场、新污染物、新技术新装备创新应用、海洋辐射等。2023 年，顺利完成首个海洋监测基地——秦皇岛海洋监测基地的签约挂牌，印发实施秦皇岛海洋监测基地三年建设行动方案，为实现国家和地方海洋监测机构的一体化运行注入新的活力。

专题 4 指导地方推进入海排污口排查整治

生态环境部推进入海排污口监督管理制度文件编制，出台《入河入海排污口监督管理技术指南 整治总则》《入河入海排污口监督管理技术指南 溯源总则》《入河入海排污口监督管理技术指南 名词术语》《入河入海排污口监督管理技术指南 排污口分类》《入河入海排污口监督管理技术指南 信息采集与交换》5 项技术标准，推进入海排污口设置论证、溯源方法、规范化建设等标准规范编制。指导督促沿海各地深入推进入海排污口排查整治，开展入海排污口排查质量现场核查和抽测，统筹强化监督入海排污口排查整治专项任务现场检查。建设全国入海排污口监督管理信息化平台，推动建立入海排污口动态管理台账。

专题 5　积极开展海洋自然保护地和重要滨海湿地保护修复

一是推动海洋生态保护修复重大项目实施。自然资源部持续推进已部署的海洋生态保护修复工作，并配合财政部通过竞争性评审方式择优将 16 个 2024 年海洋生态保护修复工程项目纳入中央财政支持范围。二是持续推动红树林保护修复工作。2022 年度国土变更调查结果显示，全国红树林面积已增长至 2.92 万 hm²，是世界上少数几个红树林面积净增长的国家之一。三是加强海洋生态保护修复宣传与国际交流合作。组织评选海洋生态保护修复典型案例，并开展集中宣传报道和推广，取得良好社会反响。举办全球滨海论坛"滨海生态系统保护修复"主题论坛，深入传播中国生态文明建设实践与成就，广泛凝聚滨海生态保护修复共识。自然资源部与世界自然保护联盟（IUCN）联合编制《海岸带生态减灾协同增效国际案例集》，并在 2023 年全球滨海论坛发布，为国际社会基于生态系统的减轻灾害风险提供了中国方案。

专题 6　加强海洋工程与海洋倾废监管

生态环境部加强海洋工程与海洋倾废监管，依法依规做好海洋生态环境领域行政许可服务，推动海洋生态环境高水平保护与海洋经济高质量发展。编制海洋工程环评、海洋倾废监管制度文件和配套标准。积极服务国家重大项目，加快开展环评审批，将符合要求的项目纳入环评审批绿色通道，实行即到即受理、即受理即评估、评估与审查同步的措施。组织完成 3 个海洋倾倒区扩容工作，保障沿海港口航道疏浚物海洋倾倒需求。加强废弃物海洋倾倒许可证核发管理，实现全程网办，进一步提升审批效率和服务质量。

专题 7　指导地方加强海水养殖生态环境监管

生态环境部与农业农村部共同推动实施《关于加强海水养殖生态环境监管的意见》，以海洋生态环境质量改善为核心，切实加强海水养殖生态环境监管。建立联合工作机制，成立技术支持专家组，赴辽宁等 10 个省（区、市）开展系列调研，推动重点任务落实落地。指导地方按照《地方水产养殖业水污染物排放控制标准制订技术导则》要求，加快推进海水养殖尾水排放地方标准制订，截至目前，辽宁、河北、天津、山东、江苏、上海、福建、广东、海南等 9 个沿海省（市）的地方标准已出台。

专题 8　持续加强水生生物资源养护和保护修复

农业农村部印发《关于调整海洋伏季休渔制度的通告》，对海洋伏季休渔制度进行调整优化，将东海区 4 种作业渔船休渔结束时间由 8 月 1 日延长至 9 月 16 日，东海区休渔时间统一为 5 月 1 日至 9 月 16 日。2023 年，共落实中央财政资金 4 亿元，带动全国投入放流资金 11.5 亿元，放流各类水生生物苗种 450 亿尾。贯彻落实新修订的《中华人民共和国野生动物保护法》有关规定，印发《关于进一步加强珍贵濒危水生野生动物保护管理工作的通知》，部署水生野生动物保护管理工作。派员参加《濒危野生动植物种国际贸易公约》（CITES）第 32 次动物委员会，联合国家濒管办开展打击石首鱼非法交易活动。

专题 9　持续深入推进重点海域综合治理攻坚战

生态环境部会同有关部门和沿海地方，认真贯彻落实全国生态环境保护大会精神，坚持陆海统筹、河海共治，坚持部门协同、央地联动，持续深入推进《重点海域综合治理攻坚战行动方案》明确的各项重点任务落实落地，推动重点海域生态环境质量持续改善。切实加强组织协调和督导帮扶，印发《关于做好重点海域入海河流总氮等污染治理与管控的意见》，明确入海河流总氮治理与管控的有关要求，指导督促有关沿海地方按照时间节点要求扎实推进入海排污口排查整治，协同推进其他重点任务实施，同时，综合运用技术帮扶、调度会商、预警通报、调研督导、评估考核等方式，压紧压实各有关沿海地方主体责任。

专题 10　持续深入推进美丽海湾建设

生态环境部持续深入推进"水清滩净、鱼鸥翔集、人海和谐"的美丽海湾建设，新遴选确定厦门东南部海域等 12 个第二批美丽海湾优秀案例，完成 8 个第一批美丽海湾优秀案例"回头看"，在浙江沿浦湾开展指导帮扶"把脉行"试点，印发实施海湾精细化调查工作方案，得到了社会和公众的广泛关注。辽宁、山东、江苏、浙江、福建、海南等省份同步开展了省级美丽海湾优秀案例征集，构建形成"地市建设—省级推荐—国家征集—示范推广"自下而上、高效贯通的优秀案例示范引领模式。沿海地方针对 283 个海湾中的 130 余个海湾，积极编制美丽海湾建设方案，"一湾一策"协同推进近岸海域污染防治、生态保护修复和岸滩环境整治，海湾生态环境质量持续改善。

沿海地市加快推进基层创新实践。台州市依托"物联网＋区块链技术"，创新"蓝色循环"海洋塑料废弃物治理新模式，获得联合国环境保护最高荣誉——地球卫士奖。海口市创新推行"12345+ 网格化"工作模式，针对市民反映的海湾环境问题，由平台统一快速响应、快速处置。福建省将遥感、无人机、高清摄像头等高新技术应用于海洋垃圾治理，建立智慧化监管信息平台，有效提升岸滩、海漂垃圾的治理效率和监管水平。江苏省出台《美丽海湾省级示范项目奖励办法》，通过财政激励措施，充分调动沿海市（县）的积极性和主动性。山东、江苏、浙江、福建、海南等省份在国家 5 项基础指标的基础上增设特色指标，因地制宜构建差异化的省级美丽海湾建设指标体系。

专题 11　第三次海洋污染基线调查全面启动实施

生态环境部全面启动实施第三次海洋污染基线调查，围绕"摸清家底、发现问题、分析原因、提出对策"的总体思路，以近岸海域和 283 个海湾为重点，有序实施海洋环境污染物、入海污染源、海岸带环境压力及生态影响等各专项调查，并组织沿海地方实施海湾精细化调查，计划形成系统性调查评估成果，全面摸清新时期我国海洋生态环境状况的最新家底，全面掌握海洋生态环境基本状况及变化规律。

2023 年，生态环境部建立了第三次海洋污染基线调查各项工作制度和技术体系，完成了海洋环境污染物、入海污染源、海岸带环境压力与生态影响调查任务，同步启动实施调查成果集成任务，指导沿海 11 个省（区、市）编制海湾精细化调查实施方案，各项调查工作任务高质量推进实施。

专题 12 海洋大气污染物沉降通量监测网初步构建

为指导沿海生态环境监测机构做好海洋大气污染物沉降监测站点的选址工作，海洋中心在全面总结前期工作、调研国内外相关技术标准、开展站点选址勘察、组织专家论证的基础上编制了《海洋大气污染物沉降监测站选址技术规范（试行）》（海环监〔2021〕121 号）（以下简称《技术规范》），2021 年 11 月经生态环境部生态监测司授权，由海洋中心实施印发。

截至 2023 年 12 月底，《"十四五"海洋生态环境质量监测网络布设方案》（环办监测函〔2020〕151 号）中拟布设的 15 个海洋大气站中已经全部启动相关工作，已完成站点选址工作的站点数量占"十四五"拟建站点数量的 66.7%。其中，已试运行或运行的站点为 7 个，分别是山东烟台长岛站、山东东营黄河口站、山东威海成山头站、江苏连云港连岛站、福建宁德福鼎站、福建漳州东山岛站和广东珠海东澳岛站；已确定站址但尚未开展建设的站点为 3 个，分别是辽宁大连圆岛站、浙江舟山泗礁岛站和海南三亚西岛站；其余 5 个站点也已启动了选址工作。

专题 13 沿海各省（区、市）积极开展各具特色的海洋生态环境监测工作

辽宁省探索开展海草床典型生态系统碳汇监测

盐沼和海草床作为辽宁省主要的蓝碳资源类型，是辽宁蓝碳研究的重点。为贯彻落实国家"双碳"目标政策，积极探索新领域新技术，填补辽宁省海草床典型海洋生态系统碳汇监测的空白，大连中心在大连渤海和黄海各选取一处典型海草床生态系统为调查研究对象，在初步评估海草床生态系统健康状况的基础上对海草床进行固碳量和储碳量评估，开展海洋碳汇摸底调查和监测评估工作。

通过开展此项工作，明确了海草床碳汇监测程序，探索研究海草床碳汇量核算方法。逐步将碳汇监测纳入辽宁省海洋监测工作体系，并适时开展全省范围内的海草床普查工作，摸清全省海草床分布区域、海草种类、面积、盖度、生物量等基本情况；基于南北方海草种属及生长模式的差异，推动形成适合辽宁省海草床碳汇监测及核查的标准规范；加大公众宣传力度，提高公众对于海草本身、海草生态服务功能以及经济价值的关注和认识，进而推动海草床保护与修复工作。以海洋碳汇为切入点和突破口，探索海洋碳汇产业发展重要路径，建立适宜于辽宁本地特点的海洋碳汇监测评估核算体系，推动"双碳"目标的最终实现。

图 7.13-1 为辽宁省开展监测的大长山岛海草床。

图 7.13-1　辽宁省开展监测的大长山岛海草床

河北省沿海区（县）生物多样性监测专题

为科学评估河北省海洋生态承载状况和掌握近岸海域生物多样性，自 2021 年起对河北省 11 个沿海区（县）开展了近岸海域生物多样性监测，监测指标为浮游植物，大、中小浮游动物和大型底栖动物。2023 年，河北省沿海区（县）海域共鉴定出浮游植物 69 种，优势种主要为尖刺拟菱形藻、旋链角毛藻、中肋骨条藻、角毛藻和圆筛藻，平均密度为 1.52×10^7 个 /m³，多样性指数为 2.68；大型浮游动物 44 种，优势种主要为细颈和平水母、中华哲水蚤、强壮滨箭虫、球形侧腕水母、鸟喙尖头、肠鳃类柱头幼虫、汤氏长足水蚤、长尾类幼体和小拟哲水蚤，平均密度为 739 个 /m³，多样性指数为 3.65；中小型浮游动物 49 种，优势种主要为小拟哲水蚤、拟长腹剑水蚤、桡足幼体、鸟喙尖头、肥胖三角、强壮箭虫和异体住囊虫，平均密度为 1.19×10^4

个/m³，多样性指数为2.99；大型底栖生物104种，优势种主要为脆壳理蛤、鳞腹沟虫和丝异须虫，平均密度为1 633个/m³，多样性指数为3.69。2023年河北省近岸海域海洋生物多样性现状等级为中，与2022年基本持平，年际生物多样性变化幅度无明显变化，海洋生物物种较丰富，物种分布较均匀，局部区域或部分生物群落的物种多样性高度丰富，局部地区生态系统高度丰富。

天津近岸海域水质预测预警研究

　　天津近岸海域水质预测预警系统主要通过加强信息获取技术和能力建设强化预警监测网络，并支撑构建近岸海域水动力—水质耦合模型，结合趋势分析技术、污染源解析技术和污染负荷评估方法，为近岸海域水质变化形势预判、海洋管理污染防治精准施策、海洋工程建设服务和环境监管提供有力的支撑。

　　通过开展天津近岸海域水质预测预警研究，一是近岸海域水质预警研判能力显著提升，根据模拟结果，开展了秋冬季近岸海域水质强化攻坚专项行动，部署了5类14项强化措施，确保全年近岸海域水质目标的完成；二是科学溯源能力显著提升，基于近岸海域水质预测预警系统从时间和空间上解析了各类涉海污染源对近岸海域水质污染贡献，实现了"受纳海域—排污口门—排污通道—排污责任单位"的全链条溯源管理；三是精准施策能力显著提升，基于近岸海域水质预测预警系统，落实问题、时间、区域、对象、措施"五个精准"要求，对全市53家污水处理厂、462个农村生活污水处理站、1 173家规模化畜禽养殖场、612个入河入海排污口、25家海水养殖企业以及5座渔港实施分时分区精准监管，有效地提升了海洋污染治理效能；四是企业服务能力显著提升，利用近岸海域水质预测预警系统积极服务中石化LNG等一系列国家重点民生项目落地，推进海洋倾倒区、深海排放和浓盐水排放位置选划工作，解决了天津市在建大项目的燃眉之急，同时为天津市港口建设今后20~30年的发展预留了空间。

山东省开展滨海盐沼湿地碳汇监测研究

　　滨海盐沼湿地是蓝色碳汇的重要组成部分，充分挖掘盐沼湿地碳汇能力对我国应对气候变化具有重要的理论和现实意义，也是助力实现"双碳"目标的重要手段之一。青岛监测中心全力构建立体化综合性海洋碳汇监测体系，通过卫星遥感影像识别技术，确定海洋碳汇试点监测的分区和点位，使用无人机搭载多光谱遥感系统，系统分析盐沼生态系统植被的类型及覆盖程度后，在青岛胶州湾河口盐沼首次选取最具代表性的一块试点区域布设了 3 条断面，采集了盐沼湿地监测样方 9 个，采集滩涂柱状样品 27 份，有机碳样本 189 份，粒度样本 63 份，植被生物量样本 54 份。系统研究了典型盐沼植被的固碳能力，定量估算洋河口盐沼湿地的碳汇参数。结果表明：（1）胶州湾洋河口湿地主要植被种类为碱蓬（*Suaeda glauca*），分布面积约为 71 hm²，覆盖度约为 100%。（2）碱蓬的碳密度由植被碳密度、沉积物碳密度构成，其中沉积物碳密度的贡献最大，沉积物碳密度与有机碳含量在垂向分布上随深度增加而递减。（3）碳通量监测显示调查区域下垫面暂未有明显的植被生长，但碱蓬湿地生态系统仍呈现碳吸收状态。上述研究结果可为青岛地区海湾盐沼湿地保护提供科学依据，为构建完善碳储量监测和评估体系提供参考。

江苏省海水养殖污染防控及环境（试点）监测

2023 年，江苏省认真贯彻落实生态环境部海水养殖生态环境监管有关要求，坚持源头治污、工程治污，强化海水养殖尾水达标排放管理，有效控制海水养殖面源污染，促进近岸海域环境质量持续改善。一是组织开展海水养殖状况全面排查。建立江苏省海水养殖情况"一本账"。二是全面实施池塘养殖尾水强排标准《池塘养殖尾水排放标准》（DB 32/4043—2021）。三是部门协作出台实施方案。2023 年 5 月，会同省农业农村厅印发实施《江苏省海水养殖污染防控实施方案》，立足建立从海水养殖空间布局、污染源头防控、过程控制到末端资源化利用的全过程管理体系，加大沿海 3 市海水养殖污染防控力度，推动水产养殖业高质量发展。四是当好入海排污口排查整治工作的"排头兵"。江苏省在全国率先按照"三级排查"模式完成了入海排污口的排查，并完成了监测、溯源工作。五是积极开展试点监测工作。根据《江苏省直排海渔业养殖环境试点监测方案》，选择连云港、盐城、南通 3 市直排海水产养殖的进排水口、养殖水体、邻近海域开展渔业养殖环境试点监测（图 7.13-2）。开展常规水质、16 种磺胺类抗生素及 14 种喹诺酮类抗生素新污染物指标的监测任务。

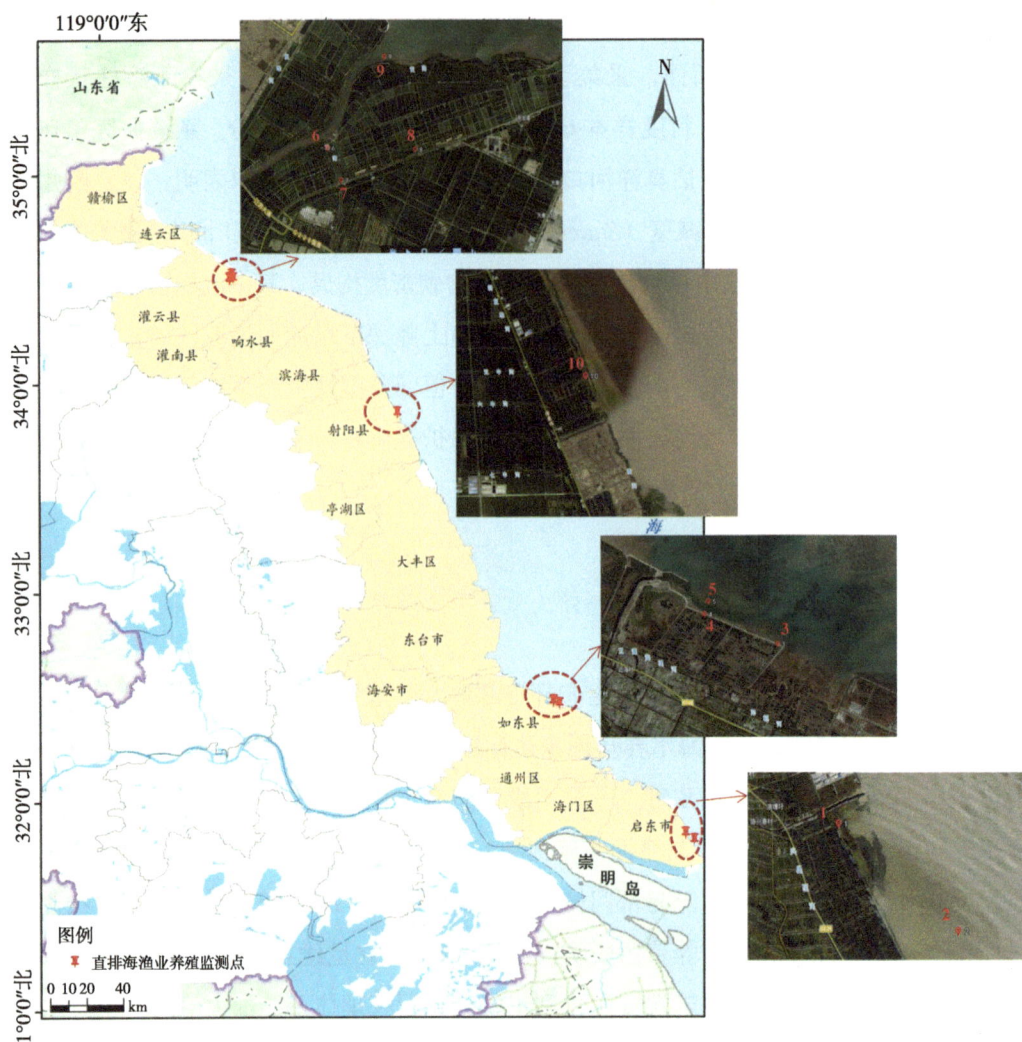

图 7.13-2　连云港、盐城、南通直排海水产养殖试点监测点位

上海市崇明东滩滨海湿地生态状况监测

　　为加强海洋生态文明建设，支撑滨海湿地保护修复工作，2023 年，上海市组织对崇明东滩自然岸线、湿地面积和类型、水鸟、外来入侵生物开展生态状况监测。

　　上海市崇明东滩湿地岸线总长度 41 655 m，其中，湿地自然岸线长度 35 980 m，人工岸线长度 5 675 m。自然湿地岸线占岸线总长度的 86.4%，主要分布在崇明东滩湿地的北、东和南侧。

　　上海市崇明东滩滨海湿地总面积 23 813.3 hm²，自然湿地和人工湿地面积分别为

21 323.2 hm² 和 2 490.1 hm²，占比分别为 89.5% 和 10.5%。自然湿地中，人工林、莎草科植被、芦苇、互花米草、库塘、沼泽草地、泥质海岸和浅海水域湿地面积分别为 18.7 hm²，470.0 hm²、1 868.3 hm²、166.6 hm²、1 210.0 hm²、1 327.1 hm²、7 323.3 hm² 和 11 476.3 hm²。人工湿地包括沼泽和库塘两种类型，面积分别为 1 327.1 hm² 和 1 187.8 hm²，沼泽中芦苇、莎草科、水烛和人工草地面积分别为 957.0 hm²、90.5 hm²、34.7 hm² 和 220.1 hm²（图 7.13-3）。

2023 年 9 月上海市崇明东滩 6 条样线共记录鸟类 42 种，分属 7 目 11 科，鸻形目种类最多，共发现 20 种。鸟类数量为 10 527 只，鸻形目和鹈形目鸟类数量占比最大，均超过了 30%。

上海市崇明东滩滨海湿地外来入侵生物主要为互花米草，2023 年面积约为 166.6 hm²，在东旺沙新闸以北至北八滧新闸之间外侧滩涂分散分布。

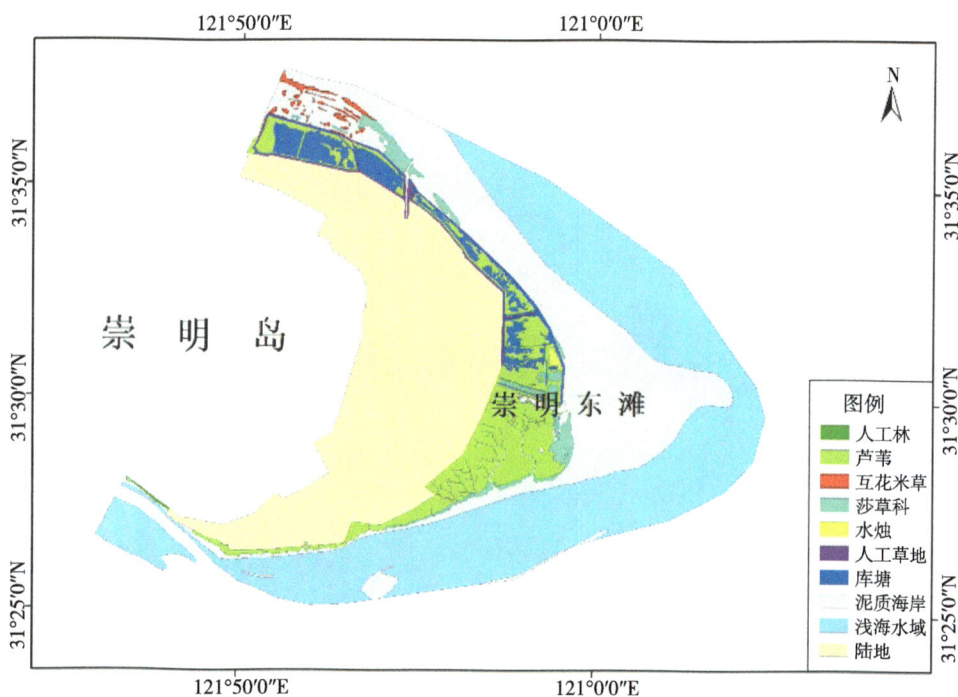

图 7.13-3　2023 年上海市崇明东滩滨海湿地分类分布

浙江省"蓝海"指数评价体系创建与应用

为深入贯彻习近平生态文明思想，加强海洋生态文明建设，落实生态环境部和浙江省委、省政府指示要求，切实补强海洋生态环境评价体系的短板，浙江省生态环境厅组织浙江省海洋生态环境监测中心开展以"蓝海"指数为核心的海洋生态环境评价创新试点工作（图7.13-4）。2023年2月，《浙江省海洋生态环境综合评价体系（"蓝海"指数）（试行）》（浙环函〔2023〕28号）正式印发。日前，"蓝海"指数成功入选"2023年浙江省生态环境十大科技创新"名单。

"蓝海"指数评价体系以环境质量、治理成效和群众幸福感为核心指导层，下设"6+9+37"三级指标体系。根据体系评价，2010年以来，浙江省杭州湾和乐清湾等重点海域海洋生态环境质量趋好，但海洋生物多样性保护方面仍具有较大提升空间。

"蓝海"指数评价体系实施，进一步健全了海洋生态环境质量评估体系，有力推动了海洋生态环境保护工作的创新发展，能科学指导沿海地方深入推进近岸海域和重点海域综合治理，破解海水水质单因子评价的先天缺陷，但难以充分反映陆源污染治理和生态环境保护成效等难题。

图 7.13-4 浙江省"蓝海"指数展示平台

福建省海滩垃圾无人机遥感监测

福建省结合卫星遥感影像数据，建立海滩垃圾污染重点岸段库，每两个月对沿海重点岸段开展一次无人机航拍。2023 年，福建省共抽取 207 个重点岸段进行航拍，岸段总长度 707.7 km，航拍总面积 101.5 km²。航拍范围内海滩垃圾覆盖面积约 20.0 万 m²，平均分布密度为 282.9 m²/km，与 2022 年相比下降 23.5%。宁德海滩垃圾分布密度最高为 388.3 m²/km，厦门海滩垃圾分布密度最低为 96.6 m²/km（图 7.13-5）。与 2022 年相比，泉州海滩垃圾分布密度上升最多，为 29.8%；漳州下降幅度最大，为 46.2%。从海滩垃圾的类型来看，渔业垃圾覆盖面积最广，约 14.1 万 m²，占比 70.5%；其次是自然垃圾和生活垃圾，覆盖面积分别约 3.2 万 m² 和 2.1 万 m²，分别占比 16.1% 和 10.4%。福建沿海各城市建立了专业化的海上清洁队伍，实现了海域全覆盖常态化保洁，减少海滩垃圾的海上来源。其中，厦门海上环卫"四化"治理机制被国家发展改革委纳入国家生态文明试验区改革举措和经验做法清单，以及地方塑料污染治理典型经验，向全国推广。

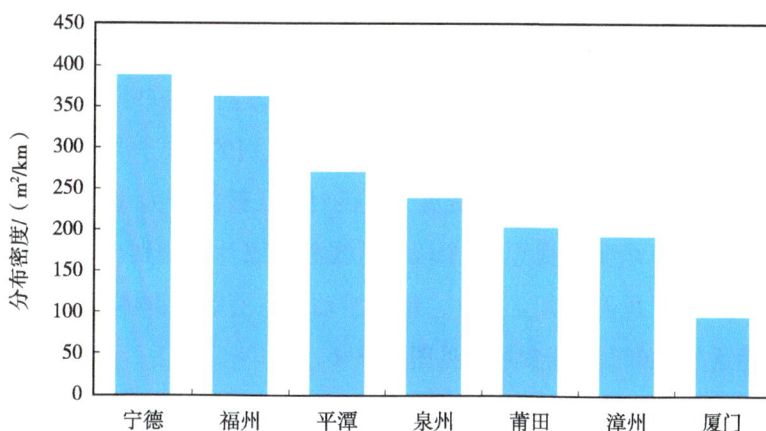

图 7.13-5　2023 年福建省六市一区海滩垃圾分布密度情况

支撑降碳管理需求，广东有序开展碳监测评估试点工作

按照生态环境部《碳监测评估试点工作方案》《深化碳监测评估试点工作方案》有关要求，结合广东省典型海岸带生态系统分布格局，广东省扎实推进典型海岸带生态系统碳汇监测工作。选取深圳、湛江两个试点城市，开展红树林和海草床生态系统碳汇监测，成效显著。完成了广东省红树林、海草床海洋碳汇监测技术方案设计，作为验证单位协助国家海洋环境监测中心开展《红树林生态系统碳储量调查与评估技术规程》和《海草床生态系统碳储量调查与评估技术规程》标准制定，构建典型海岸带

生态系统碳汇监测技术体系，规范红树林、海草床生态系统碳储量调查与评估方法。初步构建了广东省海洋碳汇监测网络，共布设红树林点位 44 个，海草床点位 9 个，建设碳通量塔 3 座，开展二氧化碳通量和气象、水文状况监测，评估生态系统碳汇能力及其影响因子。根据 2022—2024 年连续 3 年试点监测，基本查明深圳市红树林和湛江市红树林、海草床生态系统碳汇水平和主要影响因子。

广西壮族自治区北部湾珍稀物种布氏鲸调查

2023 年 1—12 月，采用截线调查法和热点调查法开展了北部湾珍稀海洋物种布氏鲸（*Balaenoptera brydei*）调查，调查范围位于广西北海市涠洲岛西南面及斜阳岛周边海域（109°05′～109°28′E，20°85′～21°12′N），调查区域面积约 498.66 km^2，总航程 2 762.91 km。

本年度调查共收集到布氏鲸出现点位 72 个；1—4 月发现布氏鲸主要集中在涠洲岛到斜阳岛附近海域，9—12 月主要集中在涠洲岛西南方向的油井海域。1—3 月是涠洲岛海域布氏鲸最活跃的季节。通过布氏鲸背鳍照片识别的方式，本年度累计识别出布氏鲸个体 31 头。利用目视观察和多旋翼无人机对布氏鲸的行为和动作进行拍摄记录，共计拍摄照片 11 000 余张、视频 60 余段。从视频和照片中辨别出布氏鲸的个体行为包括呼吸喷气、追赶鱼群、直立捕食、常规游动、下潜等；群体行为包括合作捕食、同步下潜、追逐等。布氏鲸捕食场景见图 7.13-6。

图 7.13-6　布氏鲸捕食场景

海南省美丽海湾生态环境质量试点监测助力美丽海湾建设

2023 年，对海南省 21 个美丽海湾开展生态环境质量试点监测，包括海口湾、亚龙湾、榆林湾、三亚湾、新英湾、峨蔓—鱼骨湾、木兰湾、万宁小海、南燕湾—石梅湾、香水湾—水口港湾、新村湾、龙沐湾、感城港湾、北黎湾、棋子湾、博铺港湾、花场湾、铺前湾、海棠湾、后水湾、博鳌港湾。开展海水水质监测的 21 个美丽海湾中，20 个海湾水质状况为优，万宁小海水质状况为差。开展海洋垃圾监测的铺前湾、博鳌港湾、海棠湾海域均未监测到海面漂浮垃圾；海滩垃圾平均个数介于 8 308～135 960 个 /km^2，平均密度介于 21.2～1 957.1 kg/km^2，且均以塑料类数量最多。开展珊瑚礁健康状况监测的后水湾邻昌岛、海棠湾蜈支洲岛周边海域珊瑚礁均处于健康状态（图 7.13-7）。开展红树林健康状况监测的铺前湾东寨港红树林、后水湾新盈红树林保护区中，铺前湾东寨港红树林监测区域水质为差，红树林总面积约为 1 362.5 hm^2，监测样方共调查到红树植物 9 科 11 属 14 种；后水湾新盈红树林监测区域水质为优，红树林总面积约为 191.7 hm^2，监测样方共调查到红树植物 5 科 6 属 6 种。海棠湾滨海旅游度假区环境适宜开展休闲观光活动。

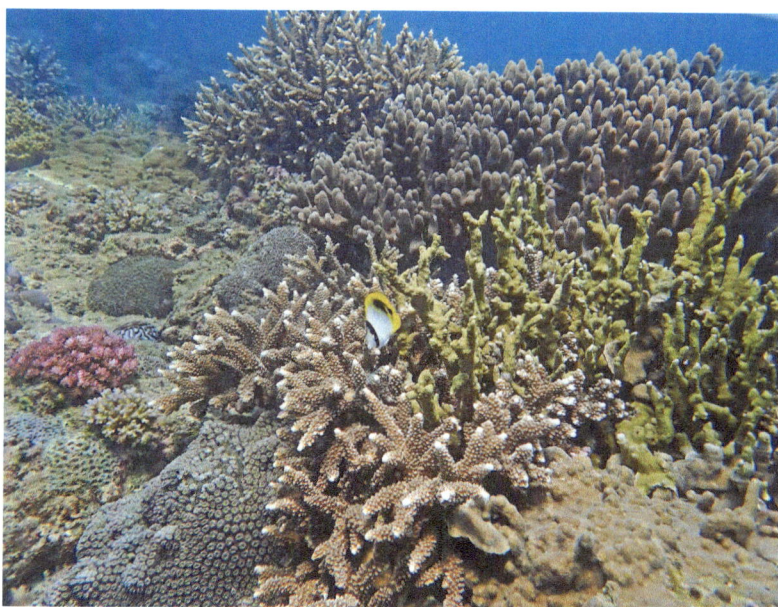

图 7.13-7　海棠湾蜈支洲岛周边海域珊瑚礁